西洋参高产优质栽培环境调控技术研究

——以皖西山区为例

蒋跃林　蔡荟梅　宛志沪　朱仁斌
李万莲　陈庭甫　陶红军　杨书运　著

气象出版社
China Meteorological Press

内容简介

皖西山区引种栽培西洋参已有三十年的历程，是我国西洋参栽培纬度较低的产地之一，西洋参栽培环境调控技术是优质高产的关键。本书是作者多年研究皖西山区西洋参高产优质栽培环境调控技术的成果。全书分四章，从气候环境因子与西洋参生长及品质关系分析入手，论述了不同棚式、不同遮阴材料、海拔高度的参园小气候效应，及其对西洋参生理特征的影响与调控技术。同时，论述了皖西高寒山区林下西洋参种植的关键技术。为西洋参产业可持续发展提供技术支撑。

本书可供农林、气象、环境、生态等方面的科研、教学、生产管理部门有关人员参考。

图书在版编目（CIP）数据

西洋参高产优质栽培环境调控技术研究——以皖西山区为例/蒋跃林等著 . —北京：气象出版社，2016.12

ISBN978-7-5029-6487-0

Ⅰ.①西… Ⅱ.①蒋… Ⅲ.①西洋参-高产栽培-栽培技术-研究-安徽 Ⅳ.①S567.5

中国版本图书馆 CIP 数据核字（2016）第 283536 号

西洋参高产优质栽培环境调控技术研究——以皖西山区为例

出版发行：气象出版社
地　　址：北京市海淀区中关村南大街 46 号　　邮政编码：100081
电　　话：010-68407112（总编室）　　010-68409198（发行部）
网　　址：http：//www.qxcbs.com　　**E-mail**：qxcbs@cma.gov.cn
责任编辑：王元庆　　　　　　　　　　　终　　审：邵俊年
责任校对：王丽梅　　　　　　　　　　　责任技编：赵相宁
封面设计：博雅思
印　　刷：北京中石油彩色印刷有限责任公司
开　　本：889 mm×1194 mm　1/32　　印　　张：3
字　　数：84 千字
版　　次：2016 年 12 月第 1 版
印　　次：2016 年 12 月第 1 次印刷
定　　价：28.00 元

前　言

西洋参（*Panax quinquefolium* L.）食用部分为五加科人参属西洋参的干燥根，原产加拿大蒙特利尔、魁北克省和美国康斯威星州，在北美湿润的温带森林气候条件下，形成了喜阴凉湿润的生态特性。20 世纪 80 年代中国引种成功后，成为西洋参第一大消费国、销售国，世界第二大生产国和世界三大主产地之一。西洋参由原产地引种到我国以后，其气候生态条件与原产地存在很大差异，这种差异对西洋参的生产和质量均产生了一定影响。因此，深入研究引种地的气候生态环境特点，提出西洋参优质高产的气候环境调控关键技术，为西洋参产业可持续发展提高技术支撑，具有十分重要的理论与生产实践意义。

目前，国内外学者对西洋参有效成分与气候生态因子的关系研究尚处于单因素水平，大多只是局限于小范围的模拟试验，关于多个气候生态因子对西洋参有效成分的综合影响尚未见报道。鉴于此，本书利用西洋参主产地有效成分含量与当地的气候因子资料，系统地分析了西洋参有效成分含量与其相应的气候因子之间的关系；并从其相互关系的角度，进行了我国西洋参内在品质的气候生态区划，可为寻找优质西洋参的栽培环境条件提供一定的理论依据。

安徽省自 1986 年在海拔 800m 以上的高寒山区，依据生态相似型原理引种西洋参，试验研究证明：皖西大别山区在一定海拔高度上，利用山区垂直气候特征，以及林下局地小气候条件，可在山地的缓坡及林下发展西洋参生产，经济效益显著，西洋参生产逐渐成为山区农民脱贫致富的一条有效途径，大量的质量评价也证明皖西山区引种的西洋参品质质量并不亚于北美西洋参。1992 年以来的丰产优质栽培实践及理论研究，为西洋参在亚热带北缘山区的推广种植积累了相当丰富的经验，但由于栽培调控技术的不配套，产量不均衡问题突出，部分高产园鲜参单产可达 $2.0kg/m^2$ 以上，而中低产园仅有 $0.5kg/m^2$ 左右，相差悬殊，而这种差异主要是西洋参的生理生态特性与生态环境之间相互作用的结果。目前不同学者对西洋参生理生态特性的研究多偏重光生理的研究，比较单一，所提出的生理生态指标及参园调控措施，因地区间生态条件的差异，对指导安徽省西洋参的生产实践有一定的局限性。

　　本书在前人研究的基础上，深入、系统地研究了参园不同环境条件对西洋参光生理、水分生理、产量、质量的影响，研究适宜本区的参园调控技术，为本区西洋参生产布局及进一步提高中低产园西洋参单位面积产量和质量提供科学依据。另外，以皖西山区西洋参产地为例，分析西洋参有效成分含量与栽培海拔高度的关系，找出皖西山区栽培优质西洋参的理想高度范围，为低纬度高海拔山区栽培西洋参如何合理布点提供参考。另一方面，系统分析皖西山区林下西洋参栽培关键技术和环境条件，为西洋参产业可持续发展提供了新的发展方向。可为寻找优质西洋参的栽培条件以及引种西洋参品质区划提供一定的理论依据，为进一步扩大我国西洋参栽培面积，节约大量外汇，振兴农村经济具有重大意义。

著　者

2016 年 10 年于

安徽农业大学

目　　录

第1章 西洋参有效成分与
气候生态因子的关系

我国引种栽培西洋参只有 40 年的历史。原产地的生态条件使西洋参在系统发育的过程中,形成了喜温凉湿润的生态特性。目前西洋参在我国已形成了五大产区,由于不同产区生态环境的差异,必然影响西洋参有效成分的积累。本章利用国产西洋参的不同产区有效成分含量与相应地区的气候因子进行综合分析,探究西洋参有效成分含量与气候条件的关系。并对我国引种区西洋参品质地域分布及皖西山区优质西洋参栽培的海拔高度进行系统研究。

1.1 气候因子对西洋参总皂甙含量的影响

1.1.1 西洋参总皂甙含量与气候因子的相关分析

为探索西洋参总皂甙含量与气候因子的关系,将各主产地西洋参生育期内的气候因子——包括西洋参生长的实效积温、生育期长短、气温日较差、15cm 地温、降水量、相对湿度、日照时数平均值分别统计,对这些因子与西洋参总皂甙含量的关系进行相关分析并经微机筛选(表 1.1),结果表明:温度和日照因子与西洋参总皂甙含量正相关极显著,是影响其含量的主要气候因子,其次是降水。

表 1.1 西洋参生育期内气候因子与总皂甙含量(%)之相关

气候因子	类型	a	b	c	R	α	n
实效积温	$y=a+bx$	-0.202	0.003	—	0.8654	0.001	18
生育期长短	$y=ax^2+bx+c$	-0.012	0.0002	4.173	0.8541	0.001	18
15cm 地温	$y=a+bx$	-0.626	0.340	—	0.8169	0.001	18
气温日较差	$y=a+bx$	12.303	-0.542	—	-0.7223	0.01	18
降水量	$y=a+bx$	4.046	0.004	—	0.5531	0.02	18
日照时数	$y=a+bx$	1.763	0.004	—	0.6582	0.01	18

注:临界值:$R_{0.001}=0.7084$,$R_{0.01}=0.5897$,$R_{0.02}=0.5425$

1.1.2 影响西洋参总皂甙含量主导气候因子筛选

由以上分析可知，影响西洋参总皂甙含量的气候因子较多，为满足"最优回归"要求，采用逐步回归的方法，进行因子筛选，保留对西洋参总皂甙含量影响较大的因子，而剔除对其影响较小的因子。以全国各主产区西洋参总皂甙含量作因变量（Y），以上述西洋参生育期内七个主要气候因子作自变量，进行逐步回归分析，建立如下的逐步回归方程式：

$$Y=0.3412+0.0011x_1-0.2765x_4+0.0027x_5+0.0451x_7$$
$$(F=38.96>F_{0.01}=5.74；R=0.959**)$$

以上方程说明：西洋参生育期内的日照时数、实效积温、平均气温日较差以及平均相对湿度这四个气候因子的组合搭配对西洋参总皂甙含量的影响较大，表明日照时数延长、实效积温增加以及较高的相对湿度有利于西洋参皂甙的合成与积累；而总皂甙含量与气温日较差呈负相关，以上四个因子的组合较好地反映了气候因子对西洋参总皂甙含量的综合影响。

1.2 气候因子对西洋参氨基酸含量的影响

1.2.1 西洋参氨基酸含量与气候因子的相关分析

全国各产区西洋参氨基酸含量与总皂甙含量呈明显的负相关（$R=-0.8411$）（图1.1），我国东北产西洋参总氨基酸含量普遍较高，大多在6.00%以上；而总皂甙含量却较低；往南部的华北、华东、华南所产西洋参总氨基酸含量有所降低，但总皂甙含量却有逐渐升高的趋势。西洋参总皂甙的含量与总氨基酸含量呈显著负相关关系。因此，气候因子对西洋参总皂甙和氨基酸的作用相反。

气候因子与西洋参氨基酸含量的关系，经微机筛选模拟列于表1.2。由此可知，西洋参氨基酸含量与温度和日照时数的关系最密切，其次是降水，而且均呈显著负相关关系，进一步分析表明，气候因子对西洋参皂甙含量和氨基酸含量的作用相反；而平均气温日较差（$R=0.2397$）和空气相对湿度（$R=0.1741$）则相关不显著。

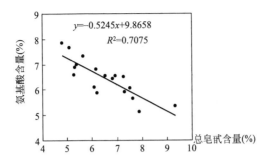

图 1.1　西洋参氨基酸含量与总皂甙含量的关系

表 1.2　西洋参氨基酸含量与气候因子之相关

气候因子	类型	a	b	c	R	α	n
实效积温	$y=ax+b$	-0.002	10.775	—	-0.8938	0.001	18
生长期	$y=ax^2+bx+c$	0.0002	-0.088	15.466	-0.7632	0.001	18
15cm 地温	$y=ax+b$	-0.220	11.012	—	-0.7213	0.001	18
降水量	$y=ax+b$	-0.002	8.072	—	-0.5828	0.02	18
日照时数	$y=ax^2+bx+c$	3×10^6	-0.010	—	-0.6448	0.01	18

注：临界值：$R_{0.001}=0.7084$，$R_{0.01}=0.5897$，$R_{0.02}=0.5425$

1.2.2　影响西洋参氨基酸含量的主导气候因子筛选

根据西洋参氨基酸含量的实测值，采取逐步回归，从可能影响其含量的诸多气候因子中挑选出对西洋参氨基酸含量影响较大的气候因子，建立氨基酸含量与西洋参生育期内的气候因子之间的最优回归方程如下：

$$Y=10.4921-0.0015X_1$$

$$(F=54.92>F_{0.01}=8.53；R=0.880^{**})$$

以上方程表明：实效积温的大小是影响西洋参氨基酸含量的主要气候因子。经过筛选的结果，用西洋参氨基酸含量与生育期内的实效积温的一元回归方程就可以反映气候因子对西洋参氨基酸含量的综合影响。西洋参氨基酸含量与实效积温呈极显著负相关（图 1.2），从北到南，随着实效积温的增加，氨基酸含量的下降率为每 100℃·d 约下降 0.15%。

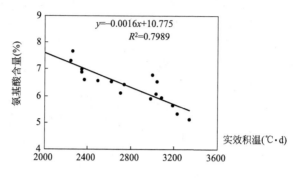

图 1.2　氨基酸含量与实效积温的关系

1.3　气候因子对西洋参三种浸出物含量的影响

西洋参浸出物通常包括醚溶性浸出物、醇溶性浸出物和水溶性浸出物三种。这三种浸出物都是存在多种化学成分的复杂混合物。这些混合的成分与气候因子的关系也较复杂，若用常规的多元回归、典型相关分析等传统的统计方法来分析，难以找到其主要的影响因子，故采用灰色关联度分析方法来分析气候因子对三种浸出物含量的影响大小。

本节分别以全国 11 个主产区实测的三种浸出物含量数据做参考序列 $x_0(k)$，以西洋参生育期内的七个主要气候因子分别作为比较序列 $x_1(k)$、$x_2(k)$、$x_3(k)$、$x_4(k)$、$x_5(k)$、$x_6(k)$、$x_7(k)$，首先对原始数据作初值化处理，算出 $x_i(k)$ 与 $x_0(k)$ 的差值绝对值，求出三种浸出物含量的关联系数，再分别算出各气候因子的关联度，如表 1.3 所列。

由此可见，影响西洋参醚溶性浸出物含量的主要气候因子是：15cm 地温（$r_3 = 0.830$）、气温日较差（$r_7 = 0.810$），其次是日照时数（$r_6 = 0.787$）、实效积温（$r_1 = 0.772$）；影响西洋参醇溶性浸出物含量的主要气候因子是：气温日较差（$r_7 = 0.792$）和日照时数（$r_6 = 0.748$），其次是 15cm 根际地温（$r_3 = 0.735$）和实效积温（$r_1 = 0.720$）；影响西洋参水溶性浸出物含量的主要气候因子是：气温日较差（$r_7 = 0.863$）和日照时数（$r_6 = 0.834$）；其次是 15cm 地温（$r_3 = 0.786$）和平均相对湿度（$r_5 = 0.770$）。综上所述，在影响西洋参三种浸出物含量的七个气候因子中，平均气温日较差和日照时数是三者共同的主要影响因子，可见在西洋参生育期内气温日较差和日照时数对其总体成分的含量影响较大。

表 1.3　气候因子对三种浸出物含量的关联度

气候因子	醚溶性浸出物	醇溶性浸出物	水溶性浸出物
实效积温	0.772	0.720	0.751
生育期	0.749	0.711	0.757
15cm 地温	0.830	0.735	0.786
降水量	0.616	0.595	0.566
平均相对湿度	0.755	0.650	0.770
日照时数	0.787	0.748	0.834
气温日较差	0.810	0.792	0.863

1.4　影响中国西洋参内在品质的气候生态区划

根据以上的分析可知，在影响西洋参各种有效成分的气候生态因子中，生育期内的实效积温、气温日较差以及日照时数是主要的影响因子。另外，降水量与西洋参总皂苷、氨基酸的含量相关显著，故同时考虑降水量，以这四个气候因子作为气候生态区划指标，进行系统聚类分析。将中国西洋参内在品质的气候生态类型划分为如下五类：

（Ⅰ）低温、低湿、多日照型：位于以哈尔滨、长春为中心的东北平原，主要利用农田种植西洋参，属中温带湿润和半湿润气候。

（Ⅱ）低温、高湿、寡日照型：位于北纬 40°～45°之间，主要包括长白山地的桦甸、通化、靖宇、集安等，主要利用低山林地、荒地种植西洋参，种植的海拔高度在 200～800m，属中温带湿润和半湿润气候。

（Ⅲ）中温、高湿、寡日照型：位于北纬 32°～35°之间，主要包括陕西的留坝、汉中、陇县等地，西洋参主要种植在秦巴山区的山地农田，海拔高度在 660～1800m。该区虽包括在北亚热带气候区，但气候特征则属于暖温带湿润型。

（Ⅳ）高温、低湿、多日照型：位于北纬 35°～40°，主要包括北京的怀柔、山东的胶东、河北的涿州、定县以及河南郑州等，主要利用平原的农田种植西洋参，栽培的海拔高度在 200m 以下，属暖温带湿润和半湿润气候区。

（Ⅴ）高温、高湿、多日照型：位于低纬度高海拔山区，包括江西庐山、吉安、福建的戴云山以及浙江的嵊州市、天台和安徽的金寨等，主要利用高山小气候条件种植西洋参。

1.5 海拔高度对皖西山区栽培西洋参有效成分含量的影响

1.5.1 不同海拔高度西洋参样品香味、口感程度的比较

由表 1.4 可知，不同海拔高度所产西洋参香味存在较大差异，其中在海拔 600～900m 香味较浓，在 500～600m 以及在 900～1200m 偏淡，这说明随着海拔高度的变化，西洋参含有的香气成分有所变化，特别是挥发油含量有很大差异。另外，随着海拔高度的增加，甜味有逐渐加重的趋势，这表明其中所含的糖类成分（特别是可溶性糖）含量有所增加，这一点与测定结果相一致；苦味在海拔 700～900m 较重，在海拔 500～700m 以及 900～1200m 较轻。一般来说，西洋参皂苷为具有苦而辛辣味的无色无定形粉末，苦味程度的变化反映了人参皂苷含量的变化，且与测定的结果相一致。

表 1.4　不同海拔高度西洋参香味、口感程度比较

采集地点	海拔高度（m）	香味	口感
果子园	530	淡	稍甜
张畈	600	淡	略甜
场部	700	稍浓	略苦
千坪	740	较浓	淡苦—微甜
千坪	780	浓	淡苦—略甜
东高山	830	浓	较苦
金岭	880	浓	味苦
百丈崖	930	较淡	甜、微苦
岭头	1160	淡	味甜

1.5.2　海拔高度对西洋参折干率的影响

折干率的大小反映了不同海拔高度西洋参干物质成分积累量的差异。皖西山区不同海拔高度所产西洋参折干率均比较高，都在 36％以上，但随海拔高度的变化，西洋参折干率的大小仍有一定的差异。其中在海拔 530～850m，西洋参折干率随海拔高度的增加而呈上升趋势，由 37.68％增大到 40.00％，平均每 100m 约增加 0.77％；在 850～1200m，折干率随海拔高度的增加而减小较快，平均每 100m 约下降 0.91％。

在皖西山区，各海拔高度雨量充沛，年平均降雨量均在 1400mm 以上，7 月、8 月份干燥度在 0.6 以下，气候湿润，与西洋参原产地的雨量分布状况非常近似；另外，选择合适的地形，通过人工遮阴栽培措施，光照条件均能满足西洋参的生长；但西洋参不耐高温，在皖西山区热量条件随海拔高度的垂直变化较大，其变化趋势与西洋参折干率的变化趋势相一致，在海拔较低的 530～700m 范围内，随着海拔高度的增加，由于≥25℃的危害积温减少，西洋参生长的实效积温增加；而在海拔 700m 以上时，危害积温值为 0，西洋参生长的实效积温与≥10℃的年活动积温值相等。因此，在此海拔高度之上，西洋参生长的实效积温随≥10℃活动积温的下降而下降。经相关分析，不同海拔高度的实效积温与其相应成品西洋参的折干率呈显著正相关（$R=0.8372$），

这表明在皖西山区，实效积温是影响西洋参折干率大小的主要气候生态因子。另外，实效积温受山区地形及坡向的影响较大，海拔 930m 附近的百丈崖由于西洋参种植在北坡，实效积温低，西洋参折干率下降也较快，因此，在海拔 900～1200m 内，西洋参以种植在东南坡、西南坡为好，有利于提高西洋参生长所需的实效积温。

1.5.3　海拔高度对西洋参总皂甙含量的影响

经相关分析，不同海拔高度西洋参总皂甙含量与相应的年日照时数呈显著正相关（$R = 0.7352$）。可见，日照时数的差异是影响各海拔高度上西洋参总皂甙含量的主要因子。在皖西山区，日照时数随海拔高度的变化，主要受云雾状况以及地形的影响；春冬雾日较少，其雾日主要集中在西洋参生长季的 5—10 月，从而影响到西洋参生长的实际可照时间。其中，在海拔 530～900m 范围内，云雾日数少，年日照时数随海拔高度逐渐增加，总皂甙含量也随之呈线性增加趋势，由 6.75% 上升到最大值的 8.72%，平均每 100m 约增加 0.67%。而在海拔 900～1000m 范围内，由于形成了强云雾带，云雾日数显著增多，年日照时数大为减少，西洋参总皂甙含量也随之下降较快，最小值为 5.93%，平均每 100m 约下降 1.38%，而到海拔 1000m 以上，云雾日数少，年日照时数又显著增多，至领头 1160m，总皂甙含量高达 8.60%。由此可见，在皖西山区，优质西洋参的形成必须要有足够长的日照时间，在山区多云雾以及地形遮蔽作用大的地段均不利于优质西洋参的形成。

1.5.4　海拔高度对西洋参糖含量的影响

在皖西山区不同海拔高度所产西洋参总糖含量均在 66.00% 以上。随着海拔高度的增加，总糖含量呈线性增加趋势，其含量最高在 1160m 左右，高达 73.25%；最低在栽培下限 530m 处，为 66.88%，相差 6.37%，平均每 100m 约增加 0.91%。还原糖含量变化趋势与总糖相一致（图 1.3），且线性增加更快，平均每 100m 约增加 1.39%，其含量最大差值为 9.72%，可见海拔高度对西洋参还原糖含量影响更大。在皖西山区，西洋参大多栽培在山间盆地，随着海拔高度的增加，白天太阳辐射强度大，地表增温快，西洋参光合作用强，积累的光合产物多；而夜晚冷空气下沉到谷地，地表温度下降快，西洋参呼吸作用减弱，消耗光合产物少，因而积累的净光合产物随海拔高度的增加而增加。将不同高度西洋参总糖、还原糖含量与 4—9 月 15cm 平均地温作相关分析，二者均呈显著负相关，相关系数分别为 -0.9431 和 -0.9799，说明根际地温降低，有利于西洋参根糖的合成与积累。

西洋参粗淀粉含量变化范围在 $60.00\% \sim 66.00\%$，在海拔 $530 \sim 800m$ 粗淀粉含量逐渐增加，在 $800m$ 以上粗淀粉含量下降较快，其中粗淀粉含量最高在海拔 $780m$ 左右，为 65.25%，最低在 $1160m$，为 60.09%（图 1.4）。粗淀粉含量随海拔高度的这种变化趋势与折干率的变化趋势相一致，表明西洋参折干率的大小与其淀粉含量有关，二者呈正相关（$R = 0.5957$）；粗淀粉含量也与生育期内实效积温呈显著正相关（$R = 0.9114$）。

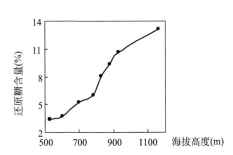

图 1.3　还原糖糖含量与海拔高度的关系

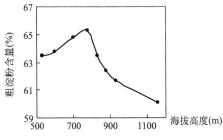

图 1.4　粗淀粉含量与海拔高度的关系

1.5.5 海拔高度对西洋参氨基酸含量的影响

皖西山区所产西洋参均含有 17 种以上的氨基酸，各种氨基酸之间含量差别较大，其中以精氨酸含量最高，谷氨酸、天门冬氨酸含量次之，以蛋氨酸、组氨酸、半胱氨酸含量最低（表 1.5）。不同高度西洋参对应的单体氨基酸含量也存在一定的差异，尤以 Arg 含量差异最大，最小值仅 0.936g/100g，而最大值达 2.027g/100g，二者相差 1.091g/100g；海拔高度对西洋参氨基酸组成没有影响（表 1.5），只是影响其含量。另外，其总氨基酸含量与总皂甙含量呈明显的负相关（图 1.5）。在海拔 530～800m 范围内，总氨基酸含量由 6.768％下降到 5.168％，而总皂甙含量在此范围内呈增加趋势；在海拔 900～1000m 的云雾带，总氨基酸含量达最高值的 7.970％，但总皂甙含量是低值区，而在岭头（1160m）处，总氨基酸含量下降到最低值的 5.005％。二者的这种负相关关系与有关文献的测定结果相一致。

表 1.5　不同海拔高度西洋参氨基酸含量比较（g/100g）

编号	氨基酸	海　拔								
		530m	600m	700m	740m	780m	830m	880m	930m	1160m
1	天门冬氨酸	0.677	0.764	0.727	0.619	0.545	0.892	0.936	0.739	0.472
2	苏氨酸	0.254	0.269	0.287	0.220	0.214	0.312	0.336	0.297	0.187
3	丝氨酸	0.207	0.220	0.230	0.181	0.188	0.245	0.274	0.237	0.157
4	谷氨酸	0.987	0.836	0.877	0.938	0.874	1.269	1.193	0.905	0.635
5	甘氨酸	0.169	0.189	0.192	0.151	0.176	0.217	0.228	0.194	0.151
6	丙氨酸	0.394	0.520	0.392	0.308	0.302	0.201	0.544	0.474	0.213
7	胱氨酸	0.033	0.118	0.077	0.105	0.103	0.033	0.136	0.081	0.112
8	缬氨酸	0.260	0.263	0.283	0.249	0.266	0.315	0.338	0.299	0.235
9	甲硫氨酸	0.061	0.065	0.077	0.051	0.051	0.063	0.076	0.067	0.023
10	异亮氨酸	0.221	0.235	0.240	0.209	0.227	0.274	0.309	0.250	0.204
11	亮氨酸	0.433	0.440	0.517	0.401	0.410	0.539	0.599	0.512	0.332
12	酪氨酸	0.197	0.223	0.222	0.185	0.178	0.238	0.250	0.230	0.161
13	苯丙氨酸	0.295	0.307	0.344	0.272	0.242	0.349	0.403	0.334	0.194
14	赖氨酸	0.286	0.290	0.334	0.255	0.259	0.350	0.376	0.335	0.224
15	组氨酸	0.117	0.119	0.116	0.082	0.067	0.138	0.151	0.117	0.047
16	精氨酸	2.027	1.326	1.220	1.318	0.936	1.241	1.627	1.752	1.569
17	脯氨酸	0.150	0.177	0.166	0.143	0.129	0.171	0.194	0.158	0.095
	总氨基酸	6.768	6.361	6.301	5.687	5.168	6.846	7.970	6.984	5.005

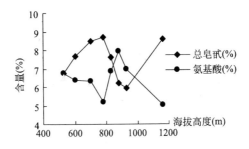

图 1.5 西洋参总皂甙含量和氨基酸含量的变化关系

1.5.6 皖西山区优质西洋参栽培区的选择

海拔高度对西洋参有效成分的影响，是光、温、水等多种气候生态因子综合作用的结果。由前述分析可知，在影响不同海拔高度所产西洋参内在品质的气候因子中，其主要的气候因子是温度和光照；在皖西山区，热量条件和日照条件随海拔高度的变化较大（表 1.6），其中在海拔较低的 600～900m 范围内，西洋参生长期内实效积温和日照时数较高，有利于优质西洋参的形成。另外，在此海拔高度范围内，西洋参香味浓，折干率（38%～40%）、总皂甙含量（>7.0%）、氨基酸含量（5.0%～8.0%）以及多糖类物质含量均达到国家优质西洋参标准；而在海拔 600m 以下，由于夏季高温，西洋参生长期内危害积温增多，从而影响西洋参的产量和质量；在海拔 900m 以上时，云雾日数增多，西洋参生长的实效积温较低，生育期缩短，西洋参的产量不高。以上分析表明：海拔高度在 600～900m 范围内更有利于总皂甙、氨基酸等生理活性物质的形成与积累，所栽培的西洋参产量高、内在品质较好。因此，皖西山区优质西洋参最佳栽培区域在海拔 600～900m 范围内。

表 1.6 不同海拔高度西洋参生育期内温、光条件比较

海拔高度(m)	530	600	700	780	830	880	930	1000	1200
实效积温(℃·d)	3294.9	3470.9	3535.6	3594.0	3582.2	3495.7	3008.2	2978.5	2882.3
日照时数(h)	1803.5	1906.7	2015.8	2118.7	2043.6	1956.8	1918.7	1983.8	2162.6
年雾日数(d)	125	—	125	—	127	—	135	143	114

第2章 参园小气候效应及调控技术的研究

皖西山区自1986年在海拔800m以上地带引种西洋参，从理论与实践方面进行过多项研究，为亚热带北缘山区种植西洋参积累了丰富的经验。但是，由于栽培历史较短，栽培调控技术还不配套，不同农户产量差异突出，研究产生这种差异原因及其调控措施是西洋参发展中亟待解决的课题，本章从参园小气候环境与西洋参生理生态关系入手，深入系统地研究参园不同环境条件，对西洋参光生理、水分生理、产量、质量的影响及适应本地区的参园调控技术。

2.1 参园环境特征分析

2.1.1 不同透光率对棚下小气候因子的影响

调整的七种透光水平影响了参床上的光照强度、温度、湿度的变化。随参棚透光率的增加，光量子通量密度增加；日平均气温的差异很小，但日平均土壤温度差异显著，地表温差为1.9℃，10cm土温差为1.8℃；空气相对湿度与土壤含水量趋于减小（表2.1）。

表2.1 七种透光率参棚主要小气候因子的差异

(1998-08-13；地点：张畈；晴)

区号	透光率（%）	光量子通量密度[μmol/(m²·s)]	气温（℃）	空气相对湿度（%）	地表温度（℃）	10cm地温（℃）	土壤含水量（%）
1	13.6	86.71	29.7	62.9	26.5	24.1	32.92
2	17.5	99.57	29.8	62.7	27.3	25.5	32.45
3	23.1	107.00	29.8	62.0	27.5	25.4	32.33
4	25.8	132.29	29.9	61.9	27.6	25.4	31.92
5	28.8	140.57	29.9	61.5	27.7	25.7	31.44
6	35.4	159.43	29.9	60.9	28.1	25.7	31.21
7	44.5	167.27	30.0	61.1	28.4	25.9	30.39

注：透光率、光量子通量密度、气温、空气相对湿度、地表温度为一天七次测定平均值，土壤含水量为下午15时的取样测定值

2.1.2 参园光质环境特征

2.1.2.1 不同太阳高度角下参园光质变化

棚外自然光总辐射光谱成分的测定结果表明：一天之中太阳总辐射光谱成分呈动态变化，各波段辐射能占总辐射能的百分比在一天中均有所变化，其中紫外辐射变幅为 3.24%～5.87%，早晚较小，中午最大；红光早晚含量较高，中午小。光合有效辐射百分比亦呈动态变化趋势，中午前后较大，早晚偏小。这一实测结果与山区地形气候的观测结果相符合。大气层对太阳辐射的削弱，使不同海拔高度的太阳光谱成分发生了变化，尤其是直接辐射中的紫外辐射的比例，随海拔高度的增加而显著增加，是形成低纬高海拔山区特殊生态环境的重要因素之一，从而也影响了参棚下的光质环境。

2.1.2.2 不同遮阴材料参棚光质环境

田间测定结果（表2.2和图2.1）表明：棚面覆盖不同的遮阴材料后，由于遮阴材料吸收、反射特性的差异，棚下透射光中各波段辐射能被削弱的程度不同。以一层蓝色遮阴网加一层PVC参用膜作遮阴材料的1区，植冠上方蓝紫光（400～510nm）所占比例为16.16%，明显高于2区和3区，1区富含蓝紫光，显然与蓝色遮阴网对蓝光的强选择性透射的性质有关。以一层PVC参用膜覆盖遮阴的2区，植冠上方红橙光所占比例明显加大，比该区棚下蓝紫光含量高2.31%，比1区中红橙光含量高2.82%。3区以稻草覆盖在一层PVC参用膜上作遮阴材料，参棚下可见光中的短波光所占比例较大，其中紫外辐射占棚下透射辐射的2.27%，蓝紫光占15.91%，红橙光占17.17%，且棚下的光合有效辐射在总辐射中所占的比例为49.08%，高于1区和2区。

表 2.2 不同遮阴材料参棚透射光光谱成分比较

（1998-08-15；地点：张畈；晴）

区号	透光率	遮阴材料	紫外光（300～400nm）所占比例	蓝紫光（400～510nm）所占比例	绿光（510～610nm）所占比例	红橙光（610～720nm）所占比例	红外光（720～1100nm）所占比例	光合有效辐射（400～700nm）所占比例
1	26.8%	一层蓝色遮阴网＋一层PVC参用膜	1.25%	16.16%	16.19%	14.66%	51.74%	47.65%

续表

区号	透光率	遮阴材料	紫外光（300~400nm）所占比例	蓝紫光（400~510nm）所占比例	绿光（510~610nm）所占比例	红橙光（610~720nm）所占比例	红外光（720~1100nm）所占比例	光合有效辐射（400~700nm）所占比例
2	51.5%	一层 PVC 参用膜	1.44%	15.17%	17.09%	17.48%	51.18%	46.13%
3	17.0%	稻草十一层 PVC 参用膜	2.27%	15.91%	16.94%	17.17%	47.68%	49.08%

　　注：表中数据为参棚透射光中各波段光谱辐射能与相应总辐能比值的日平均，棚式为双畦高脊棚

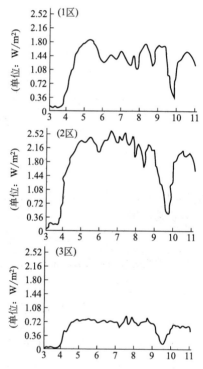

图 2.1　三种遮阴材料参棚透射光光谱曲线图

（1998/08/15　10：00　张畈乡龙冲村）

（纵坐标单位：W/m²，横坐标单位：100nm）

2.1.2.3 不同棚式参棚光质环境

三种棚式参棚下，植丛上方入射光光谱成分存在明显差异（表 2.3），双畦高脊棚棚下光合有效辐射占总辐射的比例为 45.23%，明显高于一面坡棚与双畦低脊棚，对植物光合作用影响最强的蓝紫光（400−510nm）和红橙光（610−720nm）含量分别比一面坡棚棚下相应波段的蓝紫光和红橙光含量高 1.98% 和 1.11%；比双畦低脊棚高 3.4% 和 2.4%。这是因为双畦高脊棚的前后檐增高，早晚太阳光直接照射畦面的时间长，日均光合有效辐射含量增加。从对参棚透射光中光合有效辐射含量的比较结果来看：双畦高脊棚下的光质环境更利于西洋参光合作用的进行。

表 2.3 不同棚式参棚透射光光谱成分比较

(1997-08-10；地点：张畈；晴)

棚结构参数				棚下透射辐射光谱成分所占比例(%)					
棚式	前檐高(m)	后檐高(m)	中脊高(m)	棚宽(m)	紫外光(300～400nm)	蓝紫光(400～510nm)	绿光(510～610nm)	红橙光(610～720nm)	红外光(720～1100nm)	光合有效辐射(400～700nm)
一面坡棚	1.7	1.4		1.4	2.95	14.07	14.86	14.70	53.41	40.94
双畦低脊棚	1.5	1.5	2.0	3.0	2.46	12.65	14.77	13.41	58.12	37.48
双畦高脊棚	2.0	2.0	2.3	3.0	2.36	16.05	15.46	15.81	50.32	45.23

注：光谱成分百分比的计算为参棚透射光中各波段光谱辐射能与相应总辐射能比值的日平均

2.1.3 不同土壤条件下参棚环境特征

2.1.3.1 不同土壤水分对参棚小气候因子的影响

相同光照条件（透光率为 25.8%）不同土壤水分处理的 3 个小区内，棚下小气候特征存在差异。同一透光梯度下，参床土壤含水量高，其土壤的热容量变大，由土壤蒸发耗热所引起的土温升降幅度小，光照强度增大时，土温增加缓慢。1 区由于土壤含水量明显高于 2 区和 3 区，日平均土壤温度最低（表 2.4），土温的差异影响了气温和相对湿度的变化。随土壤含水量的增加，气温和土壤温度降低，相对湿度增大。

表 2.4　三种土壤含水量下参棚主要小气候因子的差异

(1998-08-13；晴；地点：张畈)

区号	土壤相对 含水量(%)	土壤质量 含水量(%)	气温 (℃)	相对湿度 (%)	地表温度 (℃)	10cm 地温 (℃)
1	80	35.17	28.7	69.9	26.5	25.0
2	60	26.38	29.1	68.7	27.3	25.4
3	50	21.98	29.4	67.4	28.0	25.7

注：气温、相对湿度、土壤温度为一天七次测定平均值，土壤含水量为 15：00 的取样测定值

2.1.3.2　不同类型土壤理化性质分析

土壤是西洋参生长的基础，其理化性质直接影响西洋参的生长，为此本节对高产田与中低产田的土壤理化性质进行了测定，结果（表2.5、表2.6）表明：高产田的土壤容重平均为 0.88g/cm³，中低产田土壤为 1.23g/cm³；高产田土壤的总孔隙度和毛管孔隙度均高于中低产田土壤，说明土壤的通气状况对西洋参的产量形成有重要影响；中低产田的田间持水量较低，在 35.39％左右，高产田田间持水量平均为 61.16％，基本可视为土壤水分适宜指标的上限；土壤无机养分中的氮、磷、钾含量均以中低产田偏低，与高产田相比，尚需对 N、P、K 的全量和有效含量进行补充，以满足参株生长发育的需要。

表 2.5　高产田与中、低产田土壤孔隙及水分常数的比较

(1998-03-04；地点：张畈)

土壤类型	土壤容重 （g/cm³）	总孔隙度 （%）	毛管孔 隙度(%)	非毛管 孔隙度(%)	田间持 水量(%)
中低产田土壤	1.14～1.31	49.57～52.05	35.46～36.97	14.71～15.08	34.63～36.15
高产田土壤	0.87～0.89	62.41～66.53	51.19～59.42	8.77～10.22	58.13～64.48

表 2.6　高产田与中、低产田土壤无机养分含量比较

土壤类型	全氮(%)	全磷(%)	全钾(%)
中低产田土壤	0.154～0.147	0.0169～0.0157	2.21～2.60
高产田土壤	1.093～1.012	0.815～0.809	2.063～2.174

土壤类型	速氮(ppm)	速磷(ppm)	速钾(ppm)
中低产田土壤	17.23～19.02	19.60～11.10	240～111
高产田土壤	131.6～136.4	48.7～49.5	962.1～969.8

2.2　西洋参生长势、生理生态特性的研究

2.2.1　不同透光率对西洋参生长势的影响

从 1998 年 5－8 月对七种透光率参棚下三年生西洋参地上部分生长发育状况的测定结果（表 2.7）可看出，西洋参地上植株高度以 4 区最高，1 区由于光照不足，参株长势纤弱，高度相对较矮；5 区以后由于参棚透光率增大，棚下光照强度增大，西洋参的植株高度依次降低。从中心叶的叶面积来看，4 区最大，5 区以后，随着透光率的增大，叶面积趋于减小。方差分析多重比较的结果表明：3 区、4 区、5 区的参苗无论是株高还是中心叶叶面积，其 q 检验在 0.05 水平上无显著差异，表明在 23.1％、25.8％、28.8％ 三种透光率水平下，参株长势及光合作用同化面积相似。以上分析表明，夏季强光高温时节，三年生西洋参生长发育的适宜透光率在 23.1％～28.8％。

表 2.7　不同透光率下三年生西洋参生长势的差异

(1998-08-14；地点：张畈)

区号	透光率（％）	株高（cm）	叶长（cm）	叶宽（cm）	叶面积（cm²）
1	13.6	16.75 a	8.38 ab	4.80 b	26.55 c
2	17.5	19.75 a	9.44 ab	5.21 ab	32.56 bc
3	23.1	20.0 a	9.83 a	5.68 a	36.85 a
4	25.8	21.05 a	10.14 abc	5.65 ac	37.90 ab
5	28.8	21.0 a	9.64 b	5.59 ac	35.58 ab
6	35.4	19.15 a	9.21 ab	5.25 ab	32.07 bc
7	44.5	17.60 a	9.03 ab	5.16 ab	30.89 bc

注：随机选定 15 株进行测定。表中相同英文字母表示方差分析单因素多重比较法的 q 检验在 0.05 水平无显著差异，以后各表中字母表示的意义同表 2.7

在 12％、30％、42％ 三种透光率遮阴棚下，四年生西洋参的植株高度、叶面积的大小（见表 2.8），以 30％ 透光率参棚下最佳，透光率过大（42％）抑制了西洋参正常的生长发育；透光率过小（12％），又造成地上部分的徒长，不利于参根光合产物的积累。四年生西洋参在透光率达 30％ 的参棚下生长发育健壮，表明随参

17

龄的增大，西洋参植株耐强光的能力也相应增强。

表 2.8　不同透光率下四年生西洋参生长势的差异

(1998-08-18；地点：张畈乡龙冲村)

透光率(%)	株高(cm)	叶长(cm)	叶宽(cm)	叶面积(cm²)
12	53.8	16.0	8.70	92.85
30	61.5	17.0	8.75	99.42
42	50.8	15.0	8.5	84.13

2.2.2　透光率对西洋参光合特性的影响

2.2.2.1　透光率对净光合速率日变化的影响

晴天，西洋参净光合速率的日变化因参棚透光率不同，而呈单峰和双峰型（图2.2）。参棚透光率不超过25.8%时，三年生西洋参净光合速率的日变化呈单峰型，透光率高于25.8%，为双峰型，且"光合午休"现象明显。在13.6%、17.5%的低透光率水平下，净光合速率低，不利于光合产物的积累；在23.1%、25.8%、28.8%三个中等透光率水平下，西洋参净光合速率高，由图2.2可见，净光合速率及光合日总量的最大值均出现在25.8%透光率水平下，参棚透光率超过25.8%时，出现"光合午休"现象，这必将影响全生育期总光合产物的积累。

夏季的强光、高温、低湿条件下，净光合速率日变化峰值出

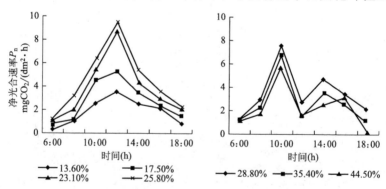

图 2.2　不同透光率对西洋参净光合速率日变化的影响

(1998-08-13；地点：张畈乡龙冲村)

现的时间也因透光率的不同而异。单峰型日变化的峰值一般出现在正午 12 时，12 时后随光强减弱，净光合速率逐渐下降。净光合速率呈双峰型日变化时，一般在上午 10 时左右，达最高值，午间强光高温条件下，净光合速率降低，"午休现象"明显，下午随光强减弱，气温降低，净光合速率在 14、16 时左右，出现第二个峰值，但峰值较上午出现的偏低，这可能与上午棚下 CO_2 浓度较高，随光照增强，光、温、水的配合更适于西洋参光合作用的进行有关。

对三种透光率参棚下四年生西洋参叶片净光合速率进行加密观测，以观测结果作净光合速率对光强的响应曲线（图 2.3）。气温在 29.0℃ 左右时，12％、30％、42％ 三种透光率下，西洋参叶片光饱和点分别为 171.0μmol/(m^2 · s)、323.0μmol/(m^2 · s)、429.0μmol/(m^2 · s)，相应的净光合速率分别为 3.08mgCO_2/(dm^2 · h)、6.54mgCO_2/(dm^2 · h)、5.21mgCO_2/(dm^2 · h)，以透光率为 30％ 时最大；光补偿点分别为 2.90μmol/(m^2 · s)、7.41μmol/(m^2 · s)、10.72μmol/(m^2 · s)。同一时间气温差异不大的情况下（表 2.9），生长在强光（42％ 透光率）下的西洋参光饱和点、光补偿点均高于中（30％ 透光率）、低（12％ 透光率）光强下生长的西洋参。42％ 透光率参棚下的西洋参耐光性强，当气温升至 29.2℃、光量子通量密度达 429.0μmol/(m^2 · s）时，西洋

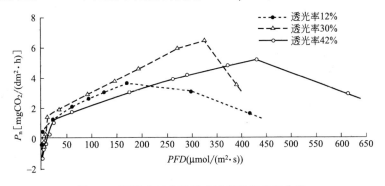

图 2.3　西洋参叶片净光合速率的光响应曲线

(1998-08-15；地点：张畈乡龙冲村)

参叶片净光合速率才有下降趋势。本区夏季中午前后的光照强度远超过西洋参光合作用对光量的最大需求，因此，可以通过对夏季参棚遮阴度大小的调节，有效地调控棚下的光照强度，实现对西洋参光合日变化的控制，使其光合速率全天均能保持在高稳水平。

表 2.9　不同时间净光合速率与光温状况的比较

(1998-08-15；地点：张畈乡龙冲村)

透光率		05:30	06:00	06:30	07:00	07:30	08:00	09:00	10:00	11:00	12:00
12%	PFD	2.15	3.10	5.85	26.0	62.0	92.99	124	171	296	410
	T_a	24.5	24.6	24.8	24.9	25.4	26.3	26.6	27.2	29.0	30.7
	P_n	−1.08	−0.18	0.42	1.14	2.07	2.73	3.14	3.60	3.08	1.60
30%	PFD	5.65	7.8	13.84	35.5	94.0	145.0	194.0	269.0	323.0	388.0
	T_a	24.5	24.6	24.8	24.9	25.5	26.4	26.8	27.4	29.1	30.6
	P_n	−0.75	0.24	1.48	1.91	3.09	3.87	4.75	6.16	6.54	3.54
42%	PFD	7.6	11.89	21.83	59	175	260	289	370	429.0	610
	T_a	24.5	24.6	24.9	25.1	25.6	26.5	27.0	27.4	29.2	30.8
	P_n	−0.48	0.14	1.18	1.69	3.05	3.89	4.18	4.88	5.21	2.95

注：PFD 为光量子通量密度，单位：$\mu mol/(m^2 \cdot s)$；T_a 为气温，单位：℃；P_n 为净光合速率，单位：$mgCO_2/(dm^2 \cdot h)$。

2.2.2.2　影响西洋参净光合速率的主要因子

从表 2.10 可看出，在三个主要参棚透光率水平下（17.5%、25.8%、35.4%），光量子通量密度（PFD）、叶温（T_1）、气温（T_a）、叶气饱和水汽压差（VPD）、气孔导度（G_s）对净光合速率（P_n）的影响是一致的，均呈正相关，但以光量子通量密度（PFD）对净光合速率（P_n）的影响最大，相关系数分别为 0.9387、0.8817 和 0.5897，达显著和极显著水平，相对湿度（RH）与净光合速率（P_n）呈负相关关系。在 17.5% 透光率水平下，西洋参叶片的净光合速率（P_n）还与叶温（T_1）、气温（T_a）有着显著的正相关性，即随温度升高，低光照条件下生长的西洋参净光合速率增大。当透光率达到 35.4% 时，气孔导度（G_s）与净光合速率（P_n）相关显著，表明强光照条件下生长的西洋参，气孔开张度的大小限制了叶片净光合速率的大小。

表 2.10　不同透光率下净光合速率与各相关因子的单相关系数

(1998-08-13；地点：张畈；晴)

透光率 （%）	光量子通量 密度（PFD）	叶温 （T_1）	气温 （T_a）	叶气饱和 水汽压差（VPD）	气孔导度 （G_s）	相对湿度 （RH）
17.5	0.9387**	0.6572*	0.7240*	0.5068	0.2443	−0.3512
25.8	0.8817**	0.4487	0.4547	0.3359	0.4510	−0.1670
35.4	0.5897*	0.3236	0.3255	0.2881	0.5180*	−0.2241

西洋参净光合速率（P_n）受光量子通量密度（PFD）、叶温（T_1）、气温（T_a）、叶气饱和水汽压差（VPD）、气孔导度（G_s）等相关因子的综合影响，可用多元回归方程来表达这种综合关系，得到诸因子影响 P_n 的综合关系模型，找出各因子对西洋参净光合速率影响的偏相关系数。

以 y_1 表示净光合速率，x_1、x_2、x_3、x_4、x_5 分别表示光量子通量密度、叶温、气温、叶气饱和水汽压差、气孔导度，得 17.5%、25.8%、35.4% 三个透光率水平下的多元回归方程式，分别为：

透光率 17.5%：$y_1 = -4.9538 + 0.0181x_1 + 1.5994x_2 - 1.2379x_3$
$$-0.2418x_4 - 0.0031x_5$$
$$(R = 0.9580 \quad F = 17.86**)$$

透光率 25.8%：$y_1 = 15.3043 + 0.0381x_1 - 0.7465x_2 + 0.0806x_3$
$$+0.1744x_4 + 0.0009x_5$$
$$(R = 0.9019 \quad F = 6.98**)$$

透光率 35.4%：$y_1 = -13.6259 + 0.0101x_1 - 1.7897x_2 + 2.1754x_3$
$$-0.1109x_4 + 0.0255x_5$$
$$(R = 0.9082 \quad F = 7.53**)$$

所得方程式的复相关系数 R 分别为 0.9580、0.9019、0.9082，其 F 值检验均达极显著水平，表明西洋参净光合速率的大小与各影响因子的综合变化密切相关。

从表 2.11 中各因子对净光合速率影响的偏相关系数来看：在 17.5%、25.8% 两透光率水平下，光量子通量密度对西洋参叶片净光合速率的影响最大，其偏相关系数在 $t_{0.01}$ 水平上达极显著水平；35.4％透光率条件下，气孔导度的大小成了限制西洋参净光合速率的主要因子，气温对净光合速率的影响较光量子通量密度的影响大，表明 PFD 对 P_n 的直接影响变小，主要通过影响气温来影响 P_n 的大小。

表 2.11　不同透光率下各相关因子影响净光合速率的偏相关系数

透光率（％）	PFD	T_1	T_a	VPD	G_s
17.5	0.6376**	0.2198	−0.1759	0.4475	0.2369
25.8	0.6690**	−0.0912	0.0986	0.07092	0.0329
35.4	0.4952	−0.4575	0.5190	−0.0995	0.8288**

结合前述对不同透光率参棚下西洋参生长势的分析，可见强光、高温条件下，3～4 年生西洋参参棚透光率以 23.1％～30％为宜，以此值为调光标准，结合西洋参的不同生育期分阶段调节参棚透光率，可保证西洋参群丛的高光效性。

2.2.3　气温对净光合速率的影响

盆栽三年生西洋参同一片叶，一日之中，通过调节光量子通量密度，使其保持在西洋参的光饱和点 [$290\mu mol/(m^2 \cdot s)$] 附近，测定不同气温条件下叶片的净光合速率，由图 2.4 可见，随气温升高，参叶在气温 30.6℃时，净光合速率达 5.11mgCO_2/(dm^2 \cdot h)，气温超过 30.6℃时，净光合速率急剧下降。上午，光照增强，气温升

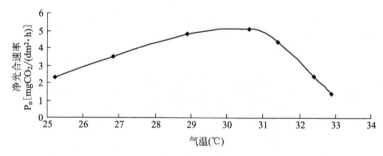

图 2.4　同一光量子通量密度下气温对净光合速率的影响

(1998-07-14；地点：张畈)

高，叶面气孔开张度增大（叶内同化作用所需 CO_2、水分含量充足），净光合速率随之增大，若气温过高（超过 31℃），叶气之间的水汽压差增大，迫使气孔开张度减小，由气孔进出的 CO_2 和水分减少，叶片光合速率降低。

2.2.4　透光率对西洋参蒸腾特性的影响

2.2.4.1　不同透光率下蒸腾速率及其影响因子的日变化

从图 2.5 可知，三种透光条件下，光量子通量密度（PFD）日变化均为午间高峰型；气温（T_a）和叶温（T_l）均在午后 14 时达一日中的最高值；在透光率为 17.5％下，叶气饱和水汽压差（VPD）峰值的出现时间比 PFD 落后 2 小时左右，在透光率大于 25.8％条件下，16 时左右达最大值；气孔导度一般在上午 10 时左右最大，后逐渐减小，但在透光率为 25.8％的参棚下，气孔导度下午略有回升；不同透光率下，蒸腾速率（T_r）的日变化分别表现为低透光率（17.5％）下的午前高峰型，中等透光率（25.8％）下的午间高峰型和高透光率（35.4％）下的双峰型。

2.2.4.2　影响蒸腾速率的主导因子

影响蒸腾速率的因子很多，但各因子对西洋参叶片蒸腾速率的影响程度不同，可用逐步回归分析的方法，找出对西洋参蒸腾速率影响最大的因子。以 y_2 表示蒸腾速率，X_1、X_2、X_3、X_4、X_5、X_6 分别表示光量子通量密度、叶温、气温、相对湿度、叶气饱和水汽压差、气孔导度。设 $F_1 = 2.39$，$F_2 = 3.15$ 作为挑选和剔除因子的 F 检验临界值，得回归方程：

$$y_2 = -5.92292 + 0.22197X_3 + 0.00982X_6$$

显著性检验：$F = 39.84 > F_{0.05}(2, 68) = 3.15$，复相关系数 $R = 0.9444$，可见回归方程相关极显著。

从方程可知，气孔导度和气温对蒸腾速率的影响较大，两者与蒸腾速率的偏相关系数分别为 0.873、0.814，表明西洋参叶片蒸腾速率的变化与气孔导度的变化密切相关。一般随光量子通量密度的增大、气温升高、相对湿度降低，气孔导度增大，蒸腾速率增加，叶片水分散失加速，叶片水势因此降低，当光强增加到一定程度后，气孔开张度达最大，气孔导度不再增加，以后随光

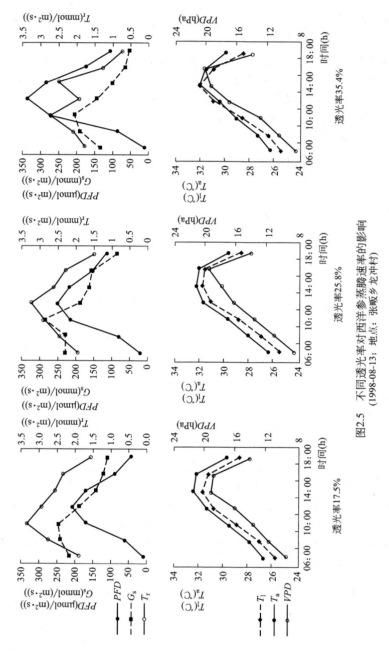

图2.5　不同透光率对西洋参蒸腾速率的影响
（1998-08-13；地点：张畈乡龙冲村）

照增强，气温、叶温的继续升高，叶气饱和水汽压差增大，气孔开张度减小，叶片的蒸腾速率也因此减小。

2.2.5　光质环境对西洋参生长势、生理生态特性的影响

用三种遮阴材料覆盖参棚，由于调节了棚下的光质环境，西洋参植株的生长发育也因此出现较大差异（表 2.12）。三种遮阴材料下，以 1 区的光质环境最利于西洋参地上部分的生长发育，表现在植株高度上的优势和叶面积的增大上，但就参株地上部分生长发育的平均状况而言，1 区、2 区之间差异不显著，与 3 区之间差异显著。

表 2.12　不同遮阴材料下西洋参生长势的比较

（1998-08-15；地点：张畈乡龙冲村）

区号	透光率（%）	遮阴材料	株高（cm）	叶长（cm）	叶宽（cm）	叶面积（cm²）
1	26.8	一层蓝色遮阴网＋一层 PVC 参用膜	48.0a	13.5a	7.0a	62.37a
2	51.5	一层 PVC 参用膜	46.7a	12.3b	7.4a	59.93b
3	17.0	稻草＋一层 PVC 参用膜	33.8b	12.5b	6.8a	55.80b

三种遮阴材料参棚下的光质环境对西洋参的生理活动有明显的影响，四年生西洋参光生理、水分生理指标的差异情况，如表 2.13 所示，结果表明：3 区日均净光合速率最高，为 $3.06 \text{mgCO}_2/(\text{dm}^2 \cdot \text{h})$。这是因为观测时段自然光强过大，3 区参棚透光率较低（17%），棚下光照强度，即日最大光量子通量密度为 $133.8 \mu\text{mol}/(\text{m}^2 \cdot \text{s})$，有利于光合作用的进行。

表 2.13　不同遮阴材料下西洋参主要生理生态指标的差异

（1998-08-15；地点：张畈乡龙冲村）

区号	净光合速率（P_n）[mgCO₂/(dm²·h)]	蒸腾速率（T_r）[mmol/(m²·s)]	气孔导度（G_s）[mmol/(m²·s)]	光量子通量密度（PFD）[μmol/(m²·s)]	叶温（T_1）（℃）	气温（T_a）（℃）	相对湿度（RH）（%）
1	2.85	2.485	117	169.0	28.7	29.6	56.8
2	2.18	3.572	161	280.0	29.3	30.6	56.0
3	3.06	2.330	124	98.99	28.3	29.8	57.2

注：1998 年 8 月 15 日与光谱成分观测同步进行。表中数据为一天 7 次观测结果的平均值

另外，由前面分析可知，3区植丛上方入射光中，光合有效辐射比例大，有利于光合作用的进行，因此，其净光合速率的日平均值较1区和2区高。1区蓝色遮阴网下透光度较为适宜（26.8％），净光合速率却略低于3区，这可能与1区棚下富含蓝紫光，叶片对蓝光的钝性吸收增加有关。三种遮阴材料下蒸腾速率、气孔导度的日平均也存在一定的差异，以2区较高，1区、3区次之。

2.2.6　不同土壤水分对西洋参生长势、生理生态特性的影响

其他田间管理措施一致的条件下，不同土壤水分条件对西洋参地上部分生长发育状况的影响较大（表2.14），土壤相对含水量为80％左右的1区，参株地上部分生长发育最佳，地上部分生长发育的健壮必为后期的参根生长准备了一个良好的光合同化系统。

表 2.14　三种土壤水分条件下西洋参生长势的差异

(1998-05-08；地点：张畈)

区号	土壤相对含水量(%)	土壤质量含水量(%)	株高(cm)	叶长(cm)	叶宽(cm)	叶面积(cm²)
1	79.80	35.10	24.9	9.97	5.29	35.12
2	60.78	26.72	22.1	9.56	5.12	33.42
3	48.57	21.35	21.3	9.51	5.17	32.19

水分对植物叶片光合作用的影响比较复杂，缺水时植株由于本能反应，叶片气孔开张度减小，气孔部分或全部关闭，蒸腾减弱，光合作用受到抑制。观测事实（表2.15、表2.16及图2.6）表明：随水分的减少，三年生西洋参叶片气孔导度减小，蒸腾减弱，叶片净光合速率随之下降，不同土壤水分条件下，光合日变化差异明显，上午10时叶面温度超过28℃时，1区、2区净光合速率升高，而3区却由于土壤含水量低，蒸腾作用减弱，叶面温度已达29.3℃，净光合速率开始下降，接着各区光合作用受抑制的程度随温度升高而加剧，14时的叶温最高，净光合速率下降幅度最大，1区受高温的影响最小，3区受高温影响最大。可见，高

温季节，保持适宜的土壤水分不仅可以减轻高温危害，而且有利于光能利用率的提高。

表 2.15 不同土壤水分条件下净光合速率及有关要素的测定值

（1998-08-13；地点：张畈；晴）

区号	土壤相对含水量（%）	净光合速率（P_n）[$mgCO_2$/($dm^2 \cdot h$)]	蒸腾速率度（T_r）[mmol/($m^2 \cdot s$)]	气孔导度（G_s）[mmol/($m^2 \cdot s$)]	叶温（T_1）（℃）
1	79.80	3.27	2.813	239.3	29.0
2	60.78	2.56	2.278	157.3	29.3
3	48.57	1.93	1.848	105.3	29.7

表 2.16 不同土壤水分条件下西洋参叶面温度日变化 （单位：℃）

（1998-08-13；地点：张畈；晴）

区号	06：00	08：00	10：00	12：00	14：00	16：00	18：00
1	25.4	26.3	28.7	30.9	31.3	31.1	28.6
2	25.4	26.7	28.9	31.2	31.9	31.2	28.9
3	25.6	27.1	29.3	31.6	32.0	31.3	28.7

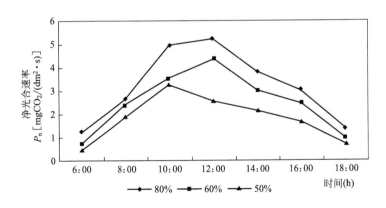

图 2.6 不同土壤水分条件下西洋参光合速率日变化（1998/08/13 张畈乡）

2.2.7 植株生长势对西洋参叶片气孔导度的影响

从盆栽西洋参中选择长势健壮与纤弱的植株，分别测定其叶片蒸腾速率、气孔导度的日变化情况。结果发现：同一个晴天，健壮植株的叶片，其蒸腾速率与气孔导度的日变型一致（图 2.7），均呈双峰型，峰值分别出现在午前 10 时与下午的 16 时，表明夏季晴天午间的高温、强光条件下，由于叶气饱和水汽压差的增大，气孔趋于关闭，蒸腾速率因而减小，避免了植株体内水分的散失，午后由于光量子通量密度（PFD）降低，气温（T_a）与叶气饱和水汽压差（VPD）减小，气孔开张度有所回复，气孔导度又有回升，蒸腾速率随之增大。这一现象证明了长势健壮的叶片在逆境条件下，可通过气孔的开张与关闭，实现自我调节，增强了植株抗御逆境的能力；纤弱植株的叶片的蒸腾速率（T_r）与气孔导度（G_s）值明显低于健壮植株，且蒸腾速率与气孔导度的日变型不一致，一日之中，气孔导度（G_s）随光量子通量密度（PFD）的增大而减小，午后光强降低，气孔导度无回升趋势，这是因为在上午 10 时，叶片表面的温度与气温的差值为零，叶气饱和水汽压差

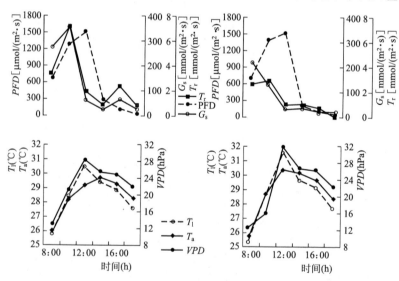

图 2.7　晴天健壮植株叶片与纤弱植株叶片气孔
导度、蒸腾速率及影响因子日变化

（1997-08-15；左：健壮植株叶片，右：纤弱植株叶片）

（VPD）达 15.96hPa，随着气温（T_a）的升高，持续的高温使叶气饱和水汽压差（VPD）一直处于较高的状态，迫使气孔趋于缩小关闭状态，傍晚，光强过低，气孔近于完全关闭，气孔导度（G_s）值极低。蒸腾速率（T_r）在午前缓慢增大，10 时后随光量子通量密度（PFD）的增强而减小。

多云天，由于光照强度低、气温、相对湿度适宜，未出现光、温、水的胁迫现象，气孔的自我调控作用不明显，从图 2.8 可见，健叶与弱叶的蒸腾速率（T_r）与气孔导度（G_s）日变化是一致的，均为午后高峰型，峰值出现时间比光量子通量密度（PFD）落后 2 小时左右，与叶温（T_l）、气温（T_a）日变化同步。

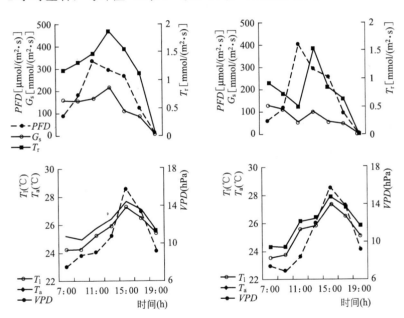

图 2.8　多云天健壮植株叶片与纤弱植株叶片气孔导度、蒸腾速率及影响因子日变化

（1997-08-23；左：健壮植株叶片，右：纤弱植株叶片）

从表 2.17 可看出，在小气候因子差异不显著的条件下，生长势不同的叶片，蒸腾速率（T_r）、气孔导度（G_s）之间存在显著差

异，说明在生产中，通过改善参园光温条件和土壤理化性质，培育健壮的植株，不仅有利于提高参株光合产物的积累，而且增强了参株的抗逆性。

表 2.17　健壮植株叶片与纤弱植株叶片气孔导度、蒸腾速率的差异

生长势	蒸腾速率(T_r)[mmol/($m^2 \cdot s$)]	气孔导度(G_s)[mmol/($m^2 \cdot s$)]	光量子通量密度(PFD)[μmol/($m^2 \cdot s$)]	叶温(T_1)(℃)	气温(T_a)(℃)	相对湿度(RH)(%)
健叶	2.206[a]	138.07[a]	418.67[a]	26.45[a]	26.78[a]	53.24[a]
弱叶	1.377[b]	85.71[b]	426.43[a]	26.61[a]	26.98[a]	52.14[a]

注：健叶与弱叶每次 4 片叶，17 次测定的平均值，$q=4.21 > q_{0.01}$ $(2, 96) = 3.70$

2.3　参园小气候条件对参根产量及有效成分含量的影响

2.3.1　不同透光率下参根产量及有效成分含量的变化

从表 2.18 可见，西洋参参根经济产量、生物学产量因参棚透光率的不同出现显著差异，透光率 30% 时，产量最高，平均单支根鲜重为 61.23g，干重为 18.17g，每平方米平均鲜根重达 2.184kg，明显高于 12% 和 42% 两透光率水平下的产量，说明同一参园，在其他栽培管理措施基本一致时，参园小气候因子，尤其是光因子，在产量形成中起重要作用。42% 透光率水平下，根冠比、折干率最大，表明此种光照条件下，参株光合产物分配给根部的比例大，且参根含水率低。

表 2.18　不同透光率对西洋参经济产量和生物学产量的影响

(1998-09-25；地点：张畈乡龙冲村)

透光率(%)	平均单支根鲜重(g)	单位面积鲜重(kg/m^2)	经济产量(g)	平均单株地上部分干重(g)	生物学产量(g)	根冠比	折干率(%)
42	48.95	1.600	15.53	6.16	21.69	2.52	0.3163
30	61.23	2.184	18.17	8.01	26.18	2.26	0.3030
12	37.86	1.477	12.33	5.34	17.67	1.70	0.2966

注：经济产量即平均单支根干重，根冠比为根冠干物重比

12％、30％、42％三个透光率水平下，四年生西洋参参根中总皂苷含量（图 2.9），以 30％透光率下最高，为 7.1281％，12％透光率下参根总皂苷含量为 6.4994％，比 42％透光率的高 0.6812％。三种透光率下，氨基酸含量的高低依次为：30％（5.8401％）＞42％（5.4436％）＞12％（5.1671％）。氨基酸各种类含量的测定结果（表 2.19）表明：参根氨基酸在 16 种以上，种类丰富，三个透光率水平下均以精氨酸含量最高，在 30％透光率下达 1.7270％，蛋氨酸、组氨酸的含量最低。

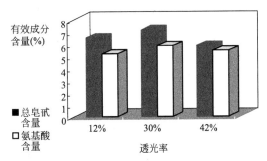

图 2.9　不同透光率对参根总皂苷和氨基酸含量的影响

表 2.19　不同透光率下参根氨基酸种类含量的差异（单位：g/100g）

氨基酸种类	三种透光率氨基酸含量		
	42％透光率	30％透光率	12％透光率
天门冬氨酸（Asp）	0.5514	0.5798	0.5166
苏氨酸（Thr）	0.1710	0.1757	0.1645
丝氨酸（Ser）	0.1417	0.1553	0.1550
谷氨酸（Glu）	0.6940	0.7151	0.6102
甘氨酸（Cly）			
丙氨酸（Ala）	0.3002	0.3278	0.3216
胱氨酸（Cys）	0.2248	0.2380	0.2423
缬氨酸（Val）	0.2161	0.1984	0.1854
蛋氨酸（Met）	0.0574	0.066	0.0410
异亮氨酸（Ile）	0.1839	0.1965	0.1598
亮氨酸（Leu）	0.3155	0.3159	0.2973
酪氨酸（Tyr）	0.1330	0.1416	0.1305
苯丙氨酸（Phe）	0.4045	0.4337	0.4184

续表

氨基酸种类	三种透光率氨基酸含量		
	42%透光率	30%透光率	12%透光率
赖氨酸(Lys)	0.2893	0.2884	0.2579
组氨酸(His)	0.0672	0.0580	0.04751
精氨酸(Arg)	1.5362	1.7270	1.4100
脯氨酸(Pro)	0.2576	0.2231	0.2141
氨基酸总量	5.4436	5.8401	5.1671

以上分析表明：参棚透光率在30%左右，不仅参根产量高，而且有利于参根有效成分的积累，在本区西洋参生产中可作为参棚透光率调节的一个适宜标准。

2.3.2 不同遮阴材料下参根产量及有效成分含量的变化

参棚遮阴材料的不同，对西洋参参根产量有重要影响，1区以蓝色遮阴网加一层PVC参用膜作覆盖材料，棚下的光质、光强环境，有利于参根增重，经济产量和生物学产量均高于2区和3区（表2.20），平均每平方米鲜根重为1.381kg，比2区、3区分别高0.116kg、0.314kg。2区透光率为51.5%，远超过西洋参生长发育对光照强度的要求，植株生长受到抑制，影响了参根的产量形成，平均单支根鲜重比1区低6.18g，比3区低1.76g。

表2.20　不同遮阴材料下西洋参经济产量和生物学产量的差异

（1998-09-25；地点：张畈乡龙冲村）

区号	透光率（%）	遮阴材料	平均单支根鲜重（g）	单位面积鲜重（kg/m²）	经济产量（g）	平均单株地上部分干重(g)	生物学产量（g）	根冠比	折干率（%）
1	26.8	一层蓝色遮阴网＋一层PVC参用膜	46.98	1.381	16.28	4.40	20.68	3.79	0.3471
2	51.5	一层PVC参用膜	40.8	1.265	13.58	4.31	17.89	3.94	0.3312
3	17.0	稻草＋一层PVC参用膜	42.56	1.067	13.76	4.10	17.86	3.45	0.3211

根冠比2区比1区、3区大，折干率三种遮阴材料下差异不明显。结合对3个小区参株发病率、优等参率的情况（表2.21）来

看，1区优等参率较高，单支根鲜重≥30g 的比率为 25％；发病率 3 区最高，达 5.15％。在灌溉量相同的条件下，3 区棚面透光率低，地表吸收的太阳辐射能少，土壤增温缓慢，蒸发速率降低，土壤的含水量较 1 区、2 区大，适于病菌对参根的侵染，造成该区的参根发病率偏高。综合各产量指标的分析结果，以 1 区的遮阴环境最利于参根的产量形成。

表 2.21　不同遮阴材料下参根发病率和优等参率的比较

(1998-09-23；地点：张畈乡龙冲村)

区号	透光率（％）	遮阴材料	取样面积（m²）	株数	发病率（％）	单支根鲜重≥30g 的比率(％)
1	26.8	一层蓝色遮阴网＋一层 PVC 参用膜	1.98	90	2.33	25.0
2	51.5	一层 PVC 参用膜	1.98	86	2.57	27.9
3	17.0	稻草＋一层 PVC 参用膜	1.98	89	5.15	18.6

不同遮阴材料对西洋参参根总皂甙和氨基酸含量的影响，由图 2.10 可见，1 区总皂甙含量为 6.2531％，高于 2 区，但较 3 区低 0.39％，根中氨基酸含量 1 区明显高于 2 区和 3 区。对三种遮阴材料下参根氨基酸种类含量的测定结果（表 2.22）表明：参根中均含有 16 种以上的氨基酸，其中精氨酸含量最高，在 1 区其含量达 1.8283％，蛋氨酸和组氨酸含量最低。

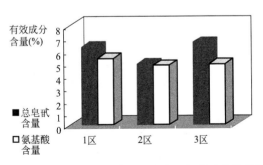

图 2.10　不同遮阴材料对参根总皂甙和氨基酸含量的影响

表 2.22 不同遮阴材料下参根氨基酸种类含量的差异（单位：g/100g）

氨基酸种类	不同遮阴条件下氨基酸含量		
	蓝色遮阴网＋一层 PVC 参用膜	一层 PVC 参用膜	稻草＋一层 PVC 参用膜
天门冬氨酸（Asp）	0.4914	0.4310	0.5494
苏氨酸（Thr）	0.1591	0.1500	0.1809
丝氨酸（Ser）	0.1333	0.1198	0.1504
谷氨酸（Glu）	0.5402	0.4617	0.6631
甘氨酸（Cly）			
丙氨酸（Ala）	0.2742	0.2623	0.1918
胱氨酸（Cys）	0.2162	0.2087	0.2062
缬氨酸（Val）	0.1758	0.1705	0.1868
蛋氨酸（Met）	0.0536	0.0436	0.0482
异亮氨酸（Ile）	0.1695	0.1523	0.1714
亮氨酸（Leu）	0.2862	0.2635	0.3086
酪氨酸（Tyr）	0.1174	0.1170	0.1330
苯丙氨酸（Phe）	0.3733	0.4316	0.1529
赖氨酸（Lys）	0.2502	0.2255	0.2686
组氨酸（His）	0.0450	0.0344	0.0520
精氨酸（Arg）	1.8283	1.5319	1.4130
脯氨酸（Pro）	0.2376	0.2054	0.1941
氨基酸总量	5.3513	4.7912	4.8704

2.4 高产优质参园小气候调控措施

2.4.1 科学调光

西洋参为阴生植物，须搭棚遮阴才能生长良好，但是光照过强或过弱对西洋参生育均产生不利影响，为充分满足西洋参生长对光的需要，可根据西洋参的生理生态特性调光，促进西洋参的优质丰产。

2.4.1.1 不同棚式的调光作用

随着西洋参产业的发展，结合本区气候条件，因地制宜选择适宜的棚式，为西洋参生长创造一个良好的参园小气候环境，不仅对西洋参的优质丰产有益，而且还可提高土地利用率、减少架材用量、降低生产成本。本试验中选用的三种棚式，以单透双畦高脊棚为佳。单畦单透一面坡棚下，一般水分充足，通气状况好，棚下光合有效辐射含量较高，光质环境较为优越，但考虑到一面坡棚下的淋风雨现象比较严重、遮阴材料用量大、土地利用率低、病害重等因素，建议多采用单透双畦脊棚，但单透双畦脊棚如果棚檐高度偏低（<1.7m）时，夏季高温时刻，热气难排，综合考虑架材用量及参棚的稳固性后，我们认为，适度增加棚檐高度至1.7～2.0m，不仅可改善单透双畦低脊棚下的通风状况，而且延长了早晚直射光射入畦面的时间，促进西洋参的光合积累。对于单透双畦高脊棚下，参床中间土壤干旱的问题，一般通过灌溉，均能得到很好的改善，且在夏季高温时段，及时灌溉还能起到降低棚下温度的作用。

2.4.1.2　不同遮阴材料的调光作用

长期生长在不同光质环境下的西洋参，其光生理、参根产量、品质存在差异，由前面的分析可知：以蓝色遮阴网和稻草作主要遮阴材料的 1 区、3 区，分别在参根产量高低与品质优劣上表现不一致，尤其是在参根有效成分含量上，光质对参根总皂甙和氨基酸含量的影响明显。本试验中所用的三种遮阴材料，在综合考虑产量、品质的基础上，以蓝色遮阴网加一层 PVC 参用膜作遮阴材料的棚下光质环境最佳。

2.4.1.3　参棚透光率与调光

3～4 年生西洋参参棚透光率以 23.1%～30% 为宜，为提高西洋参全生育期的光能利用率，可对不同生育期分阶段调光。春季用防寒草后，上一层 PVC 参用膜；形成透光率为 55% 左右的单透棚；5 月中旬后，遮掉过道直射光，盛夏强光高温季节，棚面适度遮阴，使棚下透光率保持在 25%～30%；8 月下旬，撤除棚面遮阴物，增加参棚的透光率，提高参株的光合速率，促进参根的快速生长。

另外，经观测发现，生长在不同透光率条件下的西洋参，植株形态存在一定差异，最明显的是叶展角度的变化不一致，可直观地将其划分为平展和直立两种类型，将叶展角度在 39° 以下的划为直立型，＞74°的划为平展型（表2.23），按上述标准，在透光率为42％的强光下生长的植株，其叶展角小于等于39°的占80％，叶片小而厚、上举，叶色黄绿色，叶展幅主要变动在30.5～38.5cm范围内；生长在30％透光率条件下的西洋参，叶片有45％属直立型，15％为平展型，余者表现不明显，植丛叶色新鲜，呈黄绿色；生长在12％透光率棚下的西洋参叶片大而薄，叶色深绿，叶面平展，叶展幅度大，造成叶片间相互遮盖现象严重，透光差，在密植条件下，不仅影响了植株的正常生长势，而且不利于光合作用的进行。因此，在参园的日常田间管理过程中，若发现园内参叶叶展角度表现出以上三种情况中的某种，可选定研究其株型的稳定性，为改善栽植密度提供依据，至于光因子是不是西洋参植株形态差异的主要影响因子尚需进行专门研究。

表 2.23　不同透光率下西洋参叶展幅度和叶展角的比较

（1998-08-18；地点：张畈乡龙冲村）

透光率	叶展幅		叶展角度	
	变异范围(cm)	株数	变异范围	株数
42％	30.5～38.5	32	＜39°	34
	38.5～46.5	8	39°～74°	6
30％	38.5～46.5	18	＜39°	22
	46.5～54.5	16	39°～74°	14
	54.5～62.5	6	＞74°	4
12％	38.5～46.5	4	＜39°	2
	46.5～54.5	10	39°～74°	9
	54.5～62.5	26	＞74°	29

注：每种透光率参棚下，随机选择20株，叶展幅的测定为：取整株叶外围冠幅的直径；叶展角度的测定为：总叶柄与总花梗间的夹角

2.4.2　调水

由前面的分析可见，土壤含水量对西洋参生长发育的影响较大，本区西洋参生产中多采用的透光不透雨的单透棚，自然降雨

难以渗入大棚中部畦内，因此，若灌溉不及时，棚下畦内土壤极易处于水分的亏缺状态，土壤水分的亏缺常会导致西洋参叶片的气孔处于全部或部分关闭状态，直接影响了光合作用和蒸腾作用的顺利进行。夏季灌水增加土壤热容量与导热率，增大土壤蒸发，降低土壤温度，平均可降温 1～3℃，利于参根的生长。因此，生育期内保持适宜的土壤含水量非常重要。本实验点土壤是砂质壤土，田间持水量不大，土壤的质量含水量在 35％左右，相对含水量在 80％左右为佳。土壤含水量过高，易造成土壤通气不良，影响根部的呼吸作用，造成土壤中有害物质和 CO_2 的积累，使根部的正常代谢受阻，影响参根的产量和品质，因此，生产中应加强参园土壤的水分管理。

第3章 单、双透棚小气候效应及对西洋参生长影响

西洋参的栽培既需要有一定的光照，又怕强烈的日光照射；既需要适宜的水分，又怕伏雨淋浇。因此，西洋参人工引种栽培必须搭设遮阴棚。不同参棚由于采用不同的棚式、遮阴材料等，参棚小气候环境产生很大的变化，对西洋参生长发育、产量的提高及品质的形成也都会产生重大影响。本章以一层蓝色参用膜为对照，对两种不同处理（双透棚和单透棚）下参棚小气候因子进行比较分析，以及对双透棚、单透棚和对照进行西洋参栽培效果（包括生长状况、出苗率、保苗率、生理特性、产量和品质）的比较，旨在探讨双透棚、单透棚下小气候因子的变化规律及其对西洋参生长发育、生理特性、产量和品质的影响，以此丰富对不同棚式下西洋参栽培效果的系统研究，为西洋参高产优质栽培提供理论依据。

3.1 不同参棚内温度、湿度的变化规律

3.1.1 不同处理参棚内温度的变化规律

3.1.1.1 不同处理参棚温度的日变化

单透棚、双透棚采用不同的遮阴方式，影响了参棚内的温度条件及相关的环境因子，表3.1列出了单透棚、双透棚内温度的变化情况，从表3.1可以看出，与对照（CK）相比，单透棚、双透棚可以有效地降低参棚内的温度。在各个观测时段（07：00、09：00、11：00、13：00、15：00、17：00、19：00）的150cm空气温度、冠层温度、叶面温度、地表温度、5cm 土温、10cm 土温、15cm 土温、20cm 土温平均值均以对照（CK）最高，双透棚最低，单透棚各项温度指标数据居中。其中又以对参棚内地表温度的影响最大，与对照（CK）相比，双透棚地表温度平均值比对

表 3.1　不同处理参棚内温度的日变化（℃）

处理	项目	07:00	09:00	11:00	13:00	15:00	17:00	19:00	平均值	与对照相比
双透棚	150cm 气温	24.3	26.6	29.2	30.6	29.7	29.2	27.4	28.1	−1.3
	冠层温度	23.4	26.4	28.6	30.4	29.4	29.0	27.2	27.8	−1.9
	叶面温度	25.3	26.8	29.8	32.8	29.9	28.8	27.5	28.7	−3.1
	地表温度	24.6	26.4	27.6	28.9	30.6	29.6	26.8	27.8	−4.6
	5cm 土温	23.8	24.1	24.4	25.8	26.4	26.2	25.7	25.2	−3.2
	10cm 土温	23.9	24.0	24.2	24.8	25.4	25.8	25.5	24.8	−2.0
	15cm 土温	23.6	23.6	23.9	24.1	24.5	25.0	25.1	24.3	−1.6
	20cm 土温	23.5	23.4	23.5	23.9	24.2	24.6	24.9	24.0	−1.4
单透棚	150cm 气温	24.3	27.4	29.6	32.7	31.8	29.4	28.3	28.9	−0.5
	冠层温度	24.6	27.2	29.4	32.6	30.4	29.2	27.0	28.6	−1.1
	叶面温度	26.3	29.4	31.8	34.6	31.7	29.5	28.2	30.2	−1.6
	地表温度	23.8	26.2	29.5	33.2	31.4	29.2	27.9	28.7	−3.7
	5cm 土温	23.6	24.1	24.7	26.7	27.7	27.3	26.6	25.8	−2.6
	10cm 土温	23.9	24.1	24.3	25.1	26.3	26.6	26.1	25.2	−1.6
	15cm 土温	23.9	24.0	24.2	24.8	25.3	25.6	25.3	24.7	−1.2
	20cm 土温	24.3	24.2	24.2	24.4	24.5	24.9	25.1	24.5	−0.9
对照	150cm 气温	24.2	27.1	30.2	32.8	32.3	30.5	28.9	29.4	——
	冠层温度	25.6	27.2	30.6	34.6	33.5	30.8	26.1	29.7	——
	叶面温度	27.6	29.3	33.6	37.2	34.8	31.7	28.2	31.8	——
	地表温度	24.3	29.4	36.1	39.2	35.9	32.6	29.4	32.4	——
	5cm 土温	24.2	26.6	27.8	29.1	32.0	30.1	29.4	28.4	——
	10cm 土温	24.0	24.4	25.1	27.0	28.5	29.4	29.2	26.8	——
	15cm 土温	25.2	25.0	25.3	26.0	26.6	26.8	26.9	25.9	——
	20cm 土温	25.1	24.8	24.7	25.3	25.7	26.2	26.5	25.4	——

照（CK）低 4.6℃，单透棚地表温度平均值比对照（CK）低 3.7℃；双透棚西洋参叶面温度平均值比对照（CK）低 3.1℃，而 150cm 气温、冠层温度、5cm 土温、10cm 土温、15cm 土温和 20cm 土温平均值分别比对照（CK）低 1.3℃、1.9℃、3.2℃、2.0℃、1.6℃和 1.4℃；单透棚西洋参叶面温度平均值比对照（CK）低 1.6℃，而 150cm 温度、冠层温度、5cm 土温、10cm 土温、15cm 土温和 20cm 土温平均值分别比对照（CK）低 0.5℃、1.1℃、2.6℃、1.6℃、1.2℃和 0.9℃。

单透棚、双透棚和对照（CK）三种处理对各个观测时段参棚温度的影响以 13：00 地表温度最大。双透棚 13：00 地表温度比对照（CK）低 10.3℃，150cm 气温、冠层温度、叶面温度、5cm 土温、10cm 土温、15cm 土温和 20cm 土温在观测时段出现最高值时比对照（CK）低 2.2℃、4.2℃、4.4℃、5.6℃、3.6℃、1.8℃和 1.6℃；单透棚 13：00 地表温度比对照（CK）低 6.0℃，150cm 气温、冠层温度、叶面温度、5cm 土温、10cm 土温、15cm 土温和 20cm 土温在观测时段出现最高值时比对照（CK）低 0.1℃、2.0℃、2.6℃、4.3℃、2.8℃、1.2℃和 1.4℃。所以，对比三种处理双透棚、单透棚和对照（CK）温度条件，以双透棚的降温效果最好，温度条件最适于西洋参的生长，单透棚比对照（CK）的温度条件也好。

对表 3.1 中参棚内温度观测值运用 SPSS 13.0（Statistical package for the social sciences）进行方差分析，分析结果见表 3.2，由表 3.2 可以看出，单透棚、双透棚和对照（CK）三种处理间的地表温度、5cm 土温、10cm 土温、15cm 土温、20cm 土温差异已达到或接近显著和极显著水平；单透棚、双透棚和对照（CK）三种处理间的 150cm 气温、冠层温度、叶面温度差异不显著。由于三种处理设置在同一个大的生态条件下且小区的位置也较近，因此，各处理间的 150cm 气温、冠层温度、叶面温度没有多大的差异，而土壤温度即地表温度、5cm 土温、10cm 土温、15cm 土温、20cm 土温受 3 种处理所营造的周围环境的影响，因此，不同处理间的土壤温度差异较大。多重比较（LSD 法）测验结果表明，双透棚和对照（CK）间的地表温度、5cm 土温、10cm 土温、15cm

表 3.2　不同处理参棚内温度的方差分析

项目	变异来源	DF	MS	F	Pr>F
150cm 气温	处理间	2	3.083	0.427	0.659
	误差	18	7.219		
	总变异	20			
冠层温度	处理间	2	7.048	0.844	0.446
	误差	18	8.349		
	总变异	20			
叶面温度	处理间	2	16.51	1.871	0.183
	误差	18	8.825		
	总变异	20			
地表温度	处理间	2	41.789	3.125	0.048
	误差	18	13.371		
	总变异	20			
5cm 土壤温度	处理间	2	20.966	6.12	0.009
	误差	18	3.4260		
	总变异	20			
10cm 土壤温度	处理间	2	7.840	3.259	0.034
	误差	18	2.406		
	总变异	20			
15cm 土壤温度	处理间	2	5.49	10.758	0.001
	误差	18	0.51		
	总变异	20			
20cm 土壤温度	处理间	2	3.903	12.363	<0.001
	误差	18	0.316		
	总变异	20			

土温、20cm 土温差异达到显著水平，单透棚和对照（CK）间的地表温度、5cm 土温、10cm 土温、15cm 土温、20cm 土温差异也通过了显著水平检验。这说明与对照（CK）相比，双透棚能显著地

降低参棚内地表温度、5cm 土温、10cm 土温、15cm 土温、20cm 土温，对降低 150cm 气温、冠层温度、叶面温度也能起一定作用，但不起显著作用；而单透棚则能显著降低参棚内地表温度、5cm 土温、10cm 土温、15cm 土温、20cm 土温，对降低 150cm 气温、冠层温度、叶面温度的作用不显著。

3.1.1.2 不同处理参棚温度的季节性变化

在西洋参生长季节里，对西洋参参棚内的土壤温度（地表温度、5cm 土壤温度、10cm 土壤温度、15cm 土壤温度和 20cm 土壤温度）、150cm 空气温度、冠层温度和叶面温度进行了观测，将上述各项温度因子 5—9 月每月所测定的测定值进行平均，取其平均值来分析各项温度因子的季节性变化。图 3.1～3.5 给出了西洋参参棚内 5 个不同深度（0cm、5cm、10cm、15cm、20cm）的土壤温度状况，从图中可以看出，参棚的降温效应是明显而且是稳定的，5—9 月单透棚和双透棚内的各深度土壤温度都比对照（CK）低，其中又以双透棚的降温效应最为明显，单透棚次之，土壤温度的这种季节性变化随土层深度的增加而减弱。这是因为参棚减弱了太阳辐射量和到达地表的长波辐射。辐射一部分在参棚上，一部分到达地表，大部分以热的形式散射掉，事实上只有一小部分潜热和土壤热量的迁移，一部分热量作为土壤热量被利用。从不同深度土壤温度的季节性变化还可以看出，0cm、5cm、10cm、15cm、20cm 土壤温度的季节性变化趋势较为接近，均从5 月份各深度土壤温度开始升高，达到一峰值后温度再降低，但由于三种处理所处的小生境不同，因此，导致各深度地温达到峰值的时间有所不一样。地表温度，单透棚、双透棚和对照（CK）都在 7 月份达到峰值；5cm 土壤温度，单透棚、双透棚和对照（CK）也都在 7 月份达到峰值；10cm 土壤温度，单透棚和双透棚于8 月份出现峰值，而对照（CK）在 7 月份出现峰值；15cm 和 20cm 土壤温度与 10cm 土壤温度出现峰值的情况一致，土壤温度从 5 月份增加到 8 月份达到峰值，对照（CK）于 7 月份出现峰值。

西洋参生长季节中不同处理 150cm 空气温度、冠层温度和叶面温度的季节变化如图 3.6～3.8 所示。150cm 空气温度、冠层温

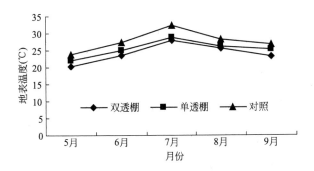

图 3.1 不同处理地表温度季节变化

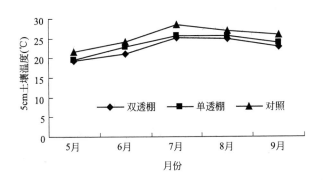

图 3.2 不同处理 5cm 土壤温度季节变化

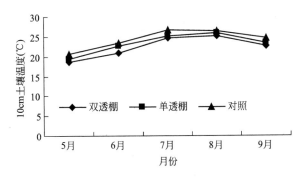

图 3.3 不同处理 10cm 土壤温度季节变化

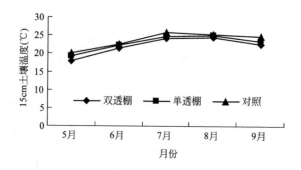

图 3.4　不同处理 15cm 土壤温度季节变化

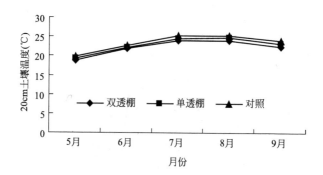

图 3.5　不同处理 20cm 土壤温度季节变化

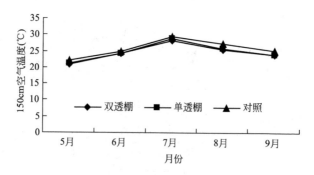

图 3.6　不同处理 150cm 空气温度季节变化

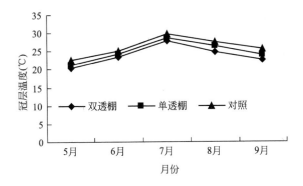

图 3.7 不同处理冠层温度的季节变化

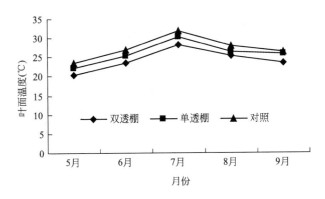

图 3.8 不同处理叶面温度季节变化

度和叶面温度的季节性变化特征是比较明显的,从 5 月份开始升高,一直升到 7 月份出现峰值,其中 150cm 空气温度最大值可达29.4℃,冠层温度最大值可达 29.7℃,叶面温度最大值可达31.8℃,8 月份、9 月份 150cm 空气温度、冠层温度和叶面温度又有所下降,但却高于 5 月份、6 月份。另外,3 种处理 150cm 空气温度、冠层温度和叶面温度存在一定的差异,单透棚和双透棚的150cm 空气温度、冠层温度比较接近,明显不同于对照(CK)。而3 种处理叶面温度差异性都比较显著,单透棚叶面温度高于双透棚叶面温度，对照（CK）叶面温度则最高。

3.1.2 不同处理参棚内湿度的变化规律

3.1.2.1 不同处理参棚湿度的日变化

不同处理条件下参棚内相对湿度（150cm 空气相对湿度、冠层相对湿度）的日变化见图 3.9 和 3.10，从图中可以看出：

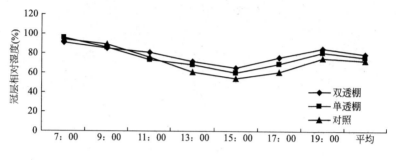

图 3.9 不同处理冠层相对湿度的日变化

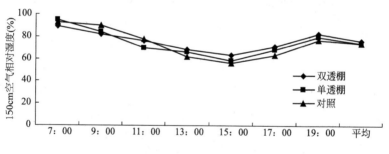

图 3.10 不同处理 150cm 空气相对湿度日变化

（1）150cm 空气相对湿度、冠层相对湿度的日变化的总体趋势大体相同，与参棚温度变化趋势相反，这是因为相对湿度的大小取决于空气中实际水汽压和相同温度下饱和水汽压的百分比。在试验观测时段里，清晨和傍晚的 150cm 空气相对湿度、冠层相对湿度较高，随着光强和参棚温度的上升，相对湿度从 07：00 开始下降，至下午 15：00 左右降到最低，此时双透棚、单透棚和对照（CK）150cm 空气相对湿度分别为 63％、58％、56％，双透棚、单透棚和对照（CK）冠层相对湿度分别为65％、60％、54％，之后又有所上升，总体趋势呈现先下降后又缓慢上升。

（2）三种处理双透棚、单透棚和对照（CK）的150cm空气相对湿度、冠层相对湿度变化趋势是一致的，清晨开始下降至15：00左右下降到最低值然后再缓慢上升。另外，从图中还可以看出，参棚内相对湿度以及其变化曲线的振幅是随高度增加而减小，即冠层相对湿度是大于150cm空气相对湿度且冠层相对湿度的变幅也是比150cm空气相对湿度的大。原因可能是大地和植物蒸腾为参棚相对湿度的湿度源，而冠层比150cm空中更加地贴近地面。

（3）从不同时段参棚湿度来看，07时的150cm空气相对湿度、冠层相对湿度以单透棚最高，对照（CK）次之，双透棚最低，原因在于单透棚内空气流动性差阻碍了参棚内水汽的向外流动，而此时对照（CK）地面露水较重，因此，此时双透棚内的相对湿度最低；此后一段时间内的150cm空气相对湿度、冠层相对湿度又以对照（CK）最高、单透棚最低、双透棚居中，这可能是随着太阳辐射的增强对照（CK）地表土壤水分蒸发的结果；11：00后至观测结束的150cm空气相对湿度、冠层相对湿度都是双透棚最高，单透棚次之，对照（CK）最低，可能原因是双透棚内土壤水分含量比单透棚大，而又有遮阳网的避阳降温作用，因此蒸发没有对照（CK）强烈。

（4）从日平均相对湿度的角度来看，双透棚＞单透棚＞对照（CK），双透棚冠层相对湿度日均值为79.3％，单透棚冠层相对湿度日均值为76.1％，对照（CK）冠层相对湿度日均值为72.8％；双透棚150cm空气相对湿度日均值为76.0％，单透棚150cm空气相对湿度日均值为74.4％，对照（CK）150cm空气相对湿度日均值为74.1％。所以，对比三种处理双透棚、单透棚和对照（CK）的湿度条件，以双透棚的增湿效果最好，湿度条件比较适合西洋参的生长需求，单透棚湿度条件比对照（CK）的湿度条件也好。

表3.3、表3.4是三种处理双透棚、单透棚和对照（CK）的参棚冠层相对湿度、150cm空气相对湿度的方差分析表，由表3.3可以看出，双透棚、单透棚和对照（CK）三种处理间的冠层相对湿度并未达到显著水平，说明虽然双透棚冠层相对湿度比单透棚

高，单透棚冠层相对湿度相对于对照（CK）又较高，但双透棚、单透棚的这种对冠层相对湿度的增湿效果并不明显。由表 3.4 可以看出，双透棚、单透棚和对照（CK）三种处理间的 150cm 空气相对湿度也未达到显著水平，同样说明虽然 150cm 空气相对湿度以双透棚最高，单透棚次之，对照（CK）最低，但双透棚、单透棚的这种对 150cm 空气相对湿度的增湿效果也是不明显的。表 3.5 为三种处理内不同层次参棚相对湿度的差异分析，从表 3.5 中也不难看出，三种处理间不同层次参棚湿度没有明显差异，说明虽然整体上单透棚、双透棚和对照（CK）三种处理的冠层相对湿度比 150cm 空气相对湿度要高，但并不显著，双透棚、单透棚 150cm 空气相对湿度由于参棚的阻挡作用，水汽难以继续上升，并聚集在参棚的上层，所以 150 空气相对湿度也是较高的。

表 3.3　不同处理下参棚冠层相对湿度的方差分析表

变异来源	平方和(SS)	自由度(DF)	均方(MS)	F 值	$Pr>F$
处理间	144.667	2	72.333	0.476	0.629
误差项	2735.143	18	151.952		
总变异	2879.810	20			

表 3.4　不同处理下参棚 150cm 空气相对湿度的方差分析表

变异来源	平方和(SS)	自由度(DF)	均方(MS)	F 值	$Pr>F$
处理间	14.000	2	7.000	0.047	0.954
误差项	2690.571	18	149.476		
总变异	2704.571	20			

表 3.5　不同处理的不同层次参棚相对湿度的方差分析

处理	变异来源	平方和(SS)	自由度(DF)	均方(MS)	F 值	$Pr>F$
双透棚	处理间	37.786	1	37.786	0.460	0.51.
	误差项	985.429	12	82.119		
	总变异	1023.215	13			
单透棚	处理间	10.286	1	10.286	0.067	0.801
	误差项	1850.571	12	154.214		
	总变异	1860.857	13			

续表

处理	变异来源	平方和(SS)	自由度(DF)	均方(MS)	F 值	Pr>F
对照	处理间	5.786	1	5.786	0.027	0.873
	误差项	2589.714	12	215.810		
	总变异	2595.500	13			

3.1.2.2　不同处理参棚内湿度的季节性变化

在西洋参生长的 5—9 月份里，对西洋参参棚内的湿度进行了观测，将冠层相对湿度 5—9 月份每月所测定的测定值进行平均，取平均值作为参棚相对湿度来分析参棚湿度因子的季节性变化。图 3.11 为将试验数据处理后参棚内相对湿度的季节性变化，从图 3.11 可以看出，参棚的保湿效应是比较明显的，5—9 月单透棚和双透棚参棚相对湿度都比对照（CK）高，其中又以双透棚的保湿效应最好，单透棚次之，双透棚 5—9 月份参棚相对湿度为 72.8%，比对照（CK）5—9 月份相对湿度高出 9.0%；单透棚 5—9 月份参棚相对湿度为 69.0%，分别比对照（CK）5—9 月份相对湿度高出 5.2%（图 3.11）。从各种处理内不同月份（5—9 月份）参棚相对湿度的变化来看，三种处理双透棚、单透棚和对照（CK）的参棚相对湿度变化趋势大体相同，均从 5 月份开始升高，到 8 月份达到一峰值，然后再缓慢降低，双透棚参棚相对湿度峰值为 86.2%，比对照（CK）8 月份相对湿度高出 6.9%；单透棚参棚相对湿度峰值为 83.1%，比对照（CK）8 月份相对湿度高出 3.8%，可以看出，三种处理参棚相对湿度峰值差异是比较小的，参棚差异最大的出现在 6 月份，双透棚参棚相对湿度比对照（CK）高出 14.6%，单透棚 6 月份参棚相对湿度比对照（CK）高出 8.8%，因为 7—8 月份受雨热同季、温湿同步的季风气候的影响，该地属于雨季，降水量多，湿度大，所以 7—8 月份参棚内湿度受处理的影响较小，差异也就比较小，而 5—6 月份气温得以上升的同时蒸发加快，故此时处理所受的影响大，各处理的相对湿度差异也就大。

从图 3.12 可以看出，不同处理同一时期的土壤相对湿度相差较大，双透棚的土壤相对湿度均大于单透棚，单透棚的土壤相对湿度均大于对照（CK），双透棚全生育期土壤相对湿度平均值比单

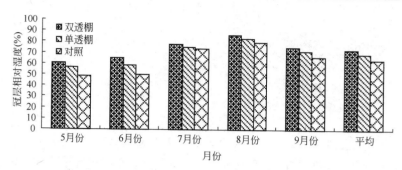

图 3.11　不同处理参棚内冠层相对湿度的季节性变化

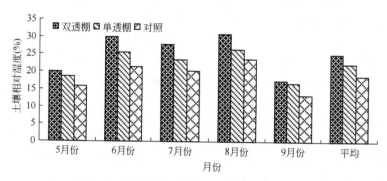

图 3.12　不同处理对参棚土壤相对湿度的影响

透棚高出 3.0%，比对照（CK）高出 6.32%，单透棚全生育期土壤湿度相对平均值比对照（CK）高出 3.34%，说明对照情况下，土壤经常处于干旱状况，特别是表层土壤在整个生长季节都处于干旱状态，这种情况将抑制西洋参的生长发育，而双透棚土壤相对湿度在西洋参的整个生长发育期都保持较高水平，这表明双透棚在保持土壤相对湿度方面起到重要作用，双透棚下土壤水分充足，有利于促进参根对养分的吸收，这是产量增加的主要原因。

3.2　不同参棚对西洋参生长状况的影响

3.2.1　不同参棚西洋参生长势分析

对单透棚、双透棚和对照（CK）三种处理西洋参生长状况包括株高、柄叶长、中心叶长和中心叶宽进行了观测,观测结果列入表 3.6、图 3.13 中,从中可以看出,双透棚和单透棚西洋参的株高与对照(CK)相比,株高分别增高 32.4%、19.9%,另外,双透棚西洋参株高与单透棚西洋参株高相比,增高 10.4%;双透棚和单透棚西洋参的柄叶长与对照(CK)相比,柄叶长分别增长 20.2%、10.1%,此外,双透棚西洋参柄叶长与单透棚西洋参柄叶长相比,增长 9.2%;双透棚和单透棚西洋参的中心叶长与对照(CK)相比,中心叶长分别增长 30.0%、14.3%。此外,双透棚西洋参中心叶长与单透棚西洋参中心叶长相比,增长 13.8%;双透棚和单透棚西洋参的中心叶宽与对照(CK)相比,中心叶宽分别增宽 12.8%、2.1%;双透棚西洋参中心叶宽与单透棚西洋参中心叶宽相比,增宽 10.4%。通过所观测西洋参生长的中心叶长和中心叶宽的基本资料,根据长×宽×0.7 经验公式统计出西洋参中心叶叶面积,统计结果表明,双透棚和单透棚西洋参的叶面积与对照(CK)相比,叶面积分别增加 44.9%、14.1%,此外,双透棚西洋参叶面积与单透棚西洋参叶面积相比,增加 26.9%。

表 3.6　不同处理下西洋参生长势的差异分析

处理(cm)	株高(cm)	柄叶长(cm)	中心叶长(cm)	中心叶宽(cm)	叶面积(cm²)
双透棚	23.3±0.97	10.7±0.76	9.1±0.76	5.3±0.22	33.9±3.49
单透棚	21.1±0.75	9.8±0.58	8.0±0.53	4.8±0.25	26.7±1.93
对照	17.6±1.51	8.9±0.91	7.0±0.71	4.7±0.22	23.4±3.27

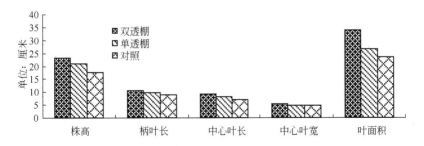

图 3.13　不同处理对西洋参生长势的影响

表 3.7 为不同处理西洋参株高、柄叶长、中心叶长、中心叶宽和叶面积的差异性分析结果，从表中可以看出，不同处理下西洋参株高（$F = 31.442$，$P < 0.001$）、柄叶长（$F = 14.942$，$P < 0.001$）、中心叶长（$F = 22.424$，$P < 0.001$）、中心叶宽（$F = 21.491$，$P < 0.001$）和叶面积（$F = 32.459$，$P < 0.001$）的差异达到极显著水平，说明单透棚和双透棚对西洋参的生长是有利的，能有效地促进西洋参的生长发育，这与两种参棚所营造的环境效应是密切相关的。多重比较则表明，单透棚、双透棚和对照（CK）西洋参株高的差异呈现极显著水平；双透棚与对照（CK）西洋参柄叶长呈现极显著的差异，单透棚与双透棚、对照（CK）西洋参柄叶长的差异未呈现极显著水平，但三种处理条件下西洋参柄叶长差异都呈现显著差异；单透棚、双透棚和对照（CK）西洋参中心叶长的差异呈现极显著水平；双透棚与单透棚、对照（CK）西洋参中心叶宽差异达到极显著水平，单透棚西洋参中心叶宽比对照（CK）西洋参中心叶宽要宽，但并未达到显著水平；双透棚与单透棚、对照（CK）西洋参中心叶叶面积差异达到极显著水平，单透棚和对照（CK）西洋参中心叶叶面积差异达到显著水平。以上分析表明，双透棚西洋参生长势最好，与单透棚、对照（CK）西洋参株高、中心叶长、中心叶宽和叶面积都在 0.01 水平上达到极显著水平，单透棚次之，与对照（CK）西洋参株高、中心叶长也在 0.01 水平上达到极显著水平，西洋参柄叶长和叶面积在 0.05 水平上达显著水平。

表 3.7 不同处理西洋参生长势的差异性分析

项目	变异来源	DF	MS	F	$Pr > F$
株高	处理间	2	39.666	31.442	<0.001
	误差	27	1.262		
	总变异	29			
柄叶长	处理间	2	8.742	14.942	<0.001
	误差	27	0.585		
	总变异	29			

续表

项目	变异来源	DF	MS	F	Pr>F
中心叶长	处理间	2	10.213	22.424	<0.001
	误差	27	0.455		
	总变异	29			
中心叶宽	处理间	2	1.147	21.491	<0.001
	误差	27	0.053		
	总变异	29			
叶面积	处理间	2	287.452	32.459	<0.001
	误差	27	8.856		
	总变异	29			

3.2.2　不同参棚对西洋参出苗率、保苗率的影响

双透棚、单透棚和对照（CK）三种处理，由于其参棚下环境条件的不同，导致双透棚和单透棚西洋参的出苗率、各月份的保苗率与对照（CK）也出现较大的差异。表3.8为不同处理西洋参出苗率、保苗率的调查结果，从表3.8中可以看出，在原栽西洋参株数都是每行17株的情况下，10行西洋参的出苗株数双透棚为163株，单透棚为159株，对照（CK）为153株，从中可以得出双透棚西洋参的出苗率为95.9%，单透棚的出苗率为93.5%，明显高于对照（CK）的出苗率为90%，但双透棚与单透棚出苗率基本一致。

表3.8　不同处理对西洋参出苗率、保苗率的影响

处理	移栽株数（株/10行）	出苗株数（株/10行）	出苗率（%）	保苗率(%)					
				5月份	6月份	7月份	8月份	9月份	平均
双透棚	170	163	95.9	93.7	91.5	80.5	72.7	66.8	81.06
单透棚	170	159	93.5	90.5	87.4	82.6	75.3	68.3	80.82
对照(CK)	170	153	90.0	85.8	81.8	71.2	68.5	62.6	73.98

不同处理各月份西洋参保苗率的调查结果表明，5—9月份双透棚、单透棚和对照（CK）西洋参保苗率都是逐月递减的，各月份西洋参保苗率都以对照（CK）最低，但保苗率高低及其降低幅度又存在差异。5月份、6月份西洋参的保苗率以双透棚高，单透棚次之，对照（CK）最低，这与双、单透棚土壤水分充足有很大关系，而7月份、8月份和9月份西洋参的保苗率又以单透棚最高，双透棚次之，对照（CK）最低，分析认为，这是6月份、7月份、8月份试验地降水多导致7月份、8月份、9月份双透棚土壤过分潮湿的原因造成的，但从保苗率的平均值来看，双透棚5—9月份保苗率平均值为81.06％，与单透棚的80.82％没有多大的差别，但两种处理5—9月份保苗率平均值却明显高于对照（CK）的73.98％。

3.3　不同参棚对西洋参光合生理特性的影响

3.3.1　不同处理西洋参叶片叶绿素含量的比较

在自然界中，叶绿素是广泛存在于植物的叶和茎中的绿色色素，叶绿素作为绿色植物中的最主要色素，是光合作用中的捕光物质，其生理功能在光合作用中得到体现。叶绿素在光合作用中起到吸收光能、传递光能的作用（少量的叶绿素a还具有光能转换的作用），叶绿素的含量与植物的光合速率密切相关，在一定范围内，植物光合速率随叶绿素含量的增加而升高，叶绿素即"植物血液"的主要成分，在植物体内的合成与分解是一个非常复杂的过程，受许多生物因子与非生物因子的影响，因此，叶绿素a含量与叶绿素b含量的测定对植物的光合生理功能具有重要的意义。

对西洋参绿果期叶片叶绿素含量的测定结果见表3.9，从表中可以看出，在测试期内，不同处理对西洋参叶片叶绿素a含量、叶绿素b含量、叶绿素总量以及叶绿素a/叶绿素b均有较大影响。叶绿素总含量由大到小依次是双透棚＞单透棚＞对照，其中双透棚和单透棚比对照（CK）高21.8％和15.8％；叶绿素a

含量由大到小依次是双透棚＞单透棚＞对照（CK），其中双透棚和单透棚比对照（CK）高 18.9％和 14.4％；叶绿素 b 含量由大到小依次是双透棚＞单透棚＞对照，其中双透棚和单透棚比对照（CK）高 27.3％和 19.2％。这说明不同处理对西洋参叶片叶绿素含量的影响是显著的，不管是叶绿素总量还是叶绿素 a、叶绿素 b 都有所提高，这是因为单透棚和双透棚为西洋参的生长发育提供了良好的环境，尤其是降低了高温强光对叶片叶绿素的破坏而使叶绿素含量增加，而叶绿素含量的提高有助于西洋参对光能的吸收利用，对西洋参的增产有一定的意义。另外，从试验结果还可以看出，叶绿素 a、叶绿素 b 和叶绿素总量都提高了，但提高的幅度却不一样。叶绿素总量、叶绿素 a 含量和叶绿素 b 含量均以双透棚最高，单透棚次之，对照（CK）最低，叶绿素 a/叶绿素 b 由大到小依次是对照＞单透棚＞双透棚。表明与对照（CK）相比，单透棚更有利于叶绿素 a 的形成；而双透棚条件下叶绿素指数最高，尤其对叶绿素 b 的形成更有利，叶绿素 b 是捕光色素蛋白复合体的重要组成部分，叶绿素 b 含量的相对增加有利于西洋参更有效地利用漫射光中较多的蓝紫光，可加强叶绿体对光能的吸收；对照（CK）叶绿素 a 含量、叶绿素 b 含量及叶绿素总量都最低，但叶绿素 a/叶绿素 b 却最高，表明对照（CK）条件下，光照强度大，对叶绿素 b 的破坏程度远远大于叶绿素 a。

表 3.9　不同处理对西洋参叶片叶绿素含量的影响

处理	叶绿素 a＋叶绿素 b		叶绿素 a		叶绿素 b		叶绿素 a/叶绿素 b
	含量（mg/g FW）	比对照增加（%）	含量（mg/g FW）	比对照增加（%）	含量（mg/g FW）	比对照增加（%）	
单透棚	3.29	15.8	2.11	14.1	1.18	19.2	1.78
双透棚	3.46	21.8	2.20	18.9	1.26	27.3	1.74
对照（CK）	2.84		1.85		0.99		1.87

图 3.14 给出了整个生育期不同处理西洋参叶片叶绿素含量的

变化情况，该图表明不同处理西洋参叶片叶绿素含量在不同生育期内的变化规律具有相似性。总体上看，在整个生育期（展叶期—枯萎期），叶绿素含量都是双透棚＞单透棚＞对照（CK），单透棚与双透棚叶绿素含量的差距较小，叶绿素含量最大相差0.17mg/g，最小相差0.07mg/g，单透棚、双透棚与对照（CK）的叶绿素含量的差距较大，双透棚与对照叶绿素含量最大相差0.7mg/g，最小相差0.48mg/g，单透棚与对照叶绿素含量最大相差0.53mg/g，最小相差0.37mg/g。在整个生育期中叶绿素含量的变化幅度不同，对照（CK）西洋参叶片叶绿素含量变化幅度最大，降低0.69个百分点，其次是单透棚降低0.63个百分点，双透棚降低0.62个百分点，说明相同年生不同处理西洋参叶片叶绿素含量越低，变化的幅度也就越大。

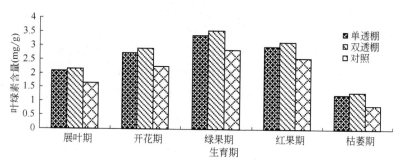

图3.14　不同处理不同生育期西洋参叶片叶绿素含量的变化

从以上分析可以看出，在整个生育期中（展叶期—枯萎期），不同处理叶绿素a、叶绿素b和叶绿素总含量变化趋势大体相似。从展叶期到绿果期，随着西洋参叶片的充分展开，叶绿素a、叶绿素b和叶绿素总量稳定上升，到绿果期叶绿素a、叶绿素b和叶绿素总含量均达到最大值，之后随着叶片的老化，叶绿素含量也逐渐呈现降低的趋势。

3.3.2　不同处理西洋参净光合速率的比较

不同处理对西洋参生育进程和个体生育状况方面影响的差异必然要在西洋参个体的生理生化性质上有所反映。叶片净光合速率是作物重要的生理指标之一，而且是一项具有高度综合性的生理指标，影响西洋参个体生长发育的多项环境因子都直接或间接地影响着叶片的净光合速率，而叶片净光合速率反过来又直接影响着西洋参的个体生长发育状况，最终影响着作物的产量和产品的品质。

不同处理西洋参绿果期叶片净光合速率测定结果表明（图3.15），不同处理对西洋参叶片净光合速率的影响明显，双透棚和单透棚叶片净光合速率均高于对照（CK），双透棚西洋参叶片净光合速率日均值比对照（CK）高 42.7%，单透棚西洋参叶片净光合速率日均值比对照（CK）高 25.7%，表明不同处理都不同程度地提高了西洋参叶片净光合速率。从图 3.15 中可以看出，不同处理西洋参叶片净光合速率呈现出明显的日变化，双透棚西洋参叶片净光合速率总体上成双峰曲线变化，但趋势没有单透棚和对照（CK）强，这可能是由于双透棚降低了光照强度和棚内温度的原因，从而使双透棚下西洋参光合"午休"现象减弱，一般认为，光合午休是中午植株缺水以及强光、高温所致，这有利于西洋参的光合作用，为西洋参的高产稳产打下基础，双透棚西洋参叶片净光合速率峰值出现在上午 10:00，为 $7.29\mu mol/(m^2 \cdot s)$，比单透棚叶片净光合速率最大值高 13.7%，比对照（CK）叶片净光合速率最大值高 27.2%。单透棚和对照（CK）下西洋参叶片净光合速率大体上也呈双峰型变化，光合"午休"现象较为明

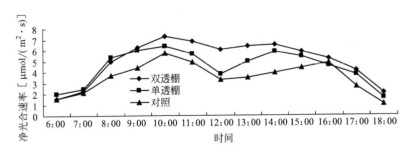

图 3.15　不同处理西洋参净光合速率的变化动态

显。对照（CK）西洋参叶片净光合速率第一个峰值也出现在上午10：00，为 $5.73\mu mol/(m^2 \cdot s)$，次高值却出现在下午 16：00，为 $4.82\mu mol/(m^2 \cdot s)$，比上午的峰值要低；单透棚下西洋参叶片净光合速率峰值出现在上午 10：00，为 $6.41\mu mol/(m^2 \cdot s)$，比对照（CK）西洋参叶片净光合速率提高 11.9%，而次高值出现在下午14：00，为 $5.89\mu mol/(m^2 \cdot s)$，比对照（CK）西洋参叶片净光合速率提高 22.0%。

从叶片净光合速率的日变化来看（图 3.15），西洋参叶片的净光合速率随着日出而快速提高，下午随着日落净光合速率开始逐渐下降，最后停止。双透棚条件下，一日中以 08：00—15：00 西洋参叶片净光合速率较高，净光合速率在 $1.54\sim7.29\mu mol/(m^2 \cdot s)$ 变化，最大值一般出现在 10：00 左右，上午 07：00 之前，由于光强、温度等条件还没有满足西洋参光合作用的需求，故西洋参叶片净光合速率上升得较慢，上午 07：00—10：00，随着光照强度的增强，温度的升高，西洋参叶片净光合速率迅速升高，至10：00 达 到 最 高 值，为 $7.29\mu mol/(m^2 \cdot s)$，上 午 10：00—12：00，虽然光强继续增强，温度也继续提高，但西洋参叶片净光合速率呈现下降趋势；下午 12：00—15：00，净光合速率随着光强的减弱而缓慢上升；15：00—18：00，净光合速率由于光强逐渐减弱而迅速下降。单透棚和对照（CK）条件下西洋参叶片净光合速率日变化动态相似，单透棚叶片净光合速率在 $1.59\sim6.41\mu mol/(m^2 \cdot s)$ 变化，对照（CK）叶片净光合速率在 $1.05\sim5.73\mu mol/(m^2 \cdot s)$ 变化，上午 06：00—10：00，随着光强的增强和温度的升高，净光合速率迅速升高，至上午 10：00 达到最大值，之后在午后强光高温条件下，出现"午休"现象，这是不利于西洋参光合作用的，"午休"过后随着光强减弱和温度的下降，净光合速率又开始上升，单透棚至下午 14：00 出现另一个峰值，而对照（CK）则在下午 16：00 出现第二个峰值，峰值出现后光强减弱，温度下降，难以满足光合作用的要求，净光合速率又开始下降至最低点。

比较不同处理条件下西洋参不同生育期叶片净光合速率（图

3.16）可以看出，在西洋参的整个生育期之中，不管是哪种处理都以展叶期和绿果期的叶片净光合速率较大，其次是开花期，红果期西洋参叶片净光合速率最低。各生育期叶片净光合速率都以对照（CK）最低，单透棚次之，全生育期净光合速率均值双透棚高出 78.1％，单透棚高出 41.1％。从上述分析可以看出，不同处理对西洋参叶片净光合速率差异还是比较显著的，各生育期西洋参叶片净光合速率由大到小顺序是双透棚＞单透棚＞对照（CK），说明双透棚条件下增加西洋参叶片光合作用能力，使西洋参在同一时间内积累更多光合物质，有利于干物质积累，这为西洋参产量最后形成奠定了基础。

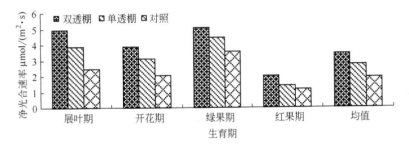

图 3.16　不同处理对西洋参不同生育期净光合速率的影响

3.3.3　不同处理西洋参蒸腾速率和气孔导度的比较

水汽从叶片向外扩散主要依靠气孔，气孔阻力是限制水汽向外扩散的唯一重要限制因素，气孔导度的日变化可以反映出气孔阻力的大小，气孔导度下降，气孔阻力增大，水分由叶片向外排放阻力加大，使蒸腾速率降低。

不同处理西洋参绿果期叶片蒸腾速率和气孔导度测定结果见图 3.17～3.19，从图中可以看出，西洋参叶片蒸腾速率和气孔导度日变化曲线相似，上午随着光合有效辐射和气温升高西洋参叶片蒸腾速率和气孔导度也逐渐增加，直至达到高峰，午间强光高温条件下西洋参叶片温度升高，高于气温，叶片气孔趋于关闭，蒸腾速率相应减小，下午随着光合有效辐射和气温下降，西洋参

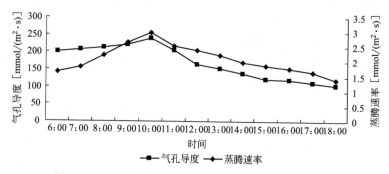

图 3.17　双透棚下西洋参蒸腾速率和气孔导度的日变化

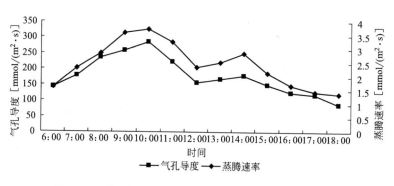

图 3.18　单透棚下西洋参蒸腾速率和气孔导度的日变化

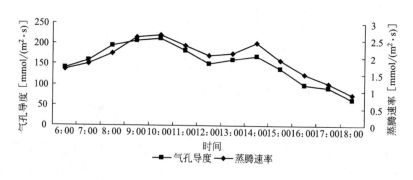

图 3.19　对照（CK）西洋参蒸腾速率和气孔导度的日变化

叶片气孔开张度增大，气孔导度值和蒸腾速率也相应增大，出现第二个峰值，之后又呈现降低趋势。所不同的是双透棚下西洋参叶片蒸腾速率和气孔导度呈现午前单峰曲线，峰值出现在上午 10：00 左右，而单透棚和对照（CK）条件下西洋参叶片蒸腾速率和气孔导度呈现双峰曲线，峰值分别出现在上午 10：00 左右和下午 14：00 左右，且第一个峰值要高于第二个峰值；与西洋参叶片净光合速率日变化相比，变化规律相近，但西洋参叶片蒸腾速率和气孔导度曲线变化较平缓，另外，西洋参叶片气孔导度和蒸腾速率呈现出早晚低、中午高的周期性变化，并且上午值（08：00—12：00）高于下午值（12：00—18：00）。

从西洋参叶片蒸腾速率和气孔导度的日平均变化来看，双透棚和单透棚叶片蒸腾速率和气孔导度日平均观测值均高于对照（CK），与对照（CK）相比，双透棚西洋参叶片日平均蒸腾速率比对照（CK）高出 7.5%，气孔导度日均值高出 11.2%，单透棚西洋参叶片日平均蒸腾速率比对照（CK）高出 25.5%，气孔导度日均值高出 16.4%；与单透棚相比，双透棚西洋参叶片日平均蒸腾速率比单透棚低 14.3%，气孔导度日均值低 4.5%，表明不同处理对西洋参叶片蒸腾速率和气孔导度的影响明显，均以单透棚最高，双透棚次之，对照（CK）最低。原因在于双透棚条件下光照相对较弱，温度和湿度条件适宜，故蒸腾作用较弱，也反映出双透棚条件下可以降低西洋参叶片的蒸腾速率，减少水分的散失，有利于西洋参对水分的充分利用，避免夏季高温危害对西洋参水分利用的影响。而对照（CK）的西洋参叶片受日光直射，辐射热引起叶子温度上升，叶温高于气温，从而引起暂时性萎蔫和气孔闭合，蒸腾速率亦随之降低。

植物蒸腾作用是水分以气态的形式通过植物体表面从体内扩散到大气中的过程，是一个复杂的植物生理过程和水分运动的物理过程，在植物水分代谢中起着重要的调配作用，而蒸腾速率是衡量植物水分平衡的一个重要生理指标，可以反映植株调节自身水分损耗能力及适应干旱环境的能力。

比较不同处理条件下西洋参不同生育期叶片蒸腾速率（图3.20）可以看出，在西洋参的整个生育期（展叶期—红果期）之中，三种处理条件下西洋参叶片蒸腾速率和气孔导度依次递减，展叶期较大，开花期次之，绿果期和红果期居后。从出苗期到展叶期，根系萌动，棚下光强增强，气温升高，西洋参叶片蒸腾速率也就大了，随着植株生长发育，进入开花期，土温和气温上升，植株进入营养旺盛期，根系从土壤中吸取的水分增多，由根系向上运输到地上部分满足植株光合作用的需要，使叶片蒸腾作用减弱，绿果期地下器官生长旺盛，地上器官生长达到顶峰，茎叶的光合作用最强，制造的营养物质也最多，所需土壤水分增加，蒸腾速率降低较小，红果期西洋参参根进入到最后的增长期，茎叶光合作用积累的干物质迅速向地下部分转换，此时降雨量增多，土壤水分的需求量也大，蒸腾速率继续降低。

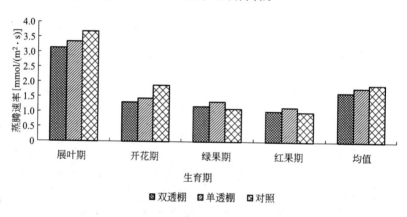

图 3.20　不同处理对西洋参不同生育期蒸腾速率的影响

各生育期西洋参叶片蒸腾速率大小有所不同，展叶期和开花期叶片蒸腾速率的大小是对照（CK）＞单透棚＞双透棚，绿果期和红果期叶片蒸腾速率的大小是单透棚＞双透棚＞对照（CK），全生育期西洋参叶片蒸腾速率均值大小是对照（CK）＞单透棚＞双透棚，双透棚西洋参叶片蒸腾速率比单透棚低 8.7%，比对照

（CK）低 13.2%；单透棚西洋参叶片蒸腾速率比对照（CK）低 5.0%。从上述分析可以看出，不同生育期不同处理对西洋参叶片蒸腾速率的影响是不同的，从整体上讲，西洋参叶片蒸腾速率由大到小的顺序是对照（CK）＞单透棚＞双透棚，以双透棚条件下西洋参叶片蒸腾速率最低，说明双透棚条件下光照相对较弱，温度和湿度条件适宜，植株蒸腾作用减弱，从而减少水分的散失，有利于西洋参水分利用率的提高，避免高温危害给西洋参带来的不利影响。

3.3.4 不同处理西洋参水分利用率的比较

植物水分利用效率（Water use efficiency，WUE）是指消耗单位质量的水通过光合作用所形成的干物质量，它不仅反映农业生产中作物能量转化效率，而且是在水分问题日益突出的农业生产中，评价作物生长适应性的重要指标。

植物在吸收 CO_2 进行光合作用的时候，蒸腾消耗一定量的水汽，在单叶水平上，植物水分利用效率可以用净光合速率与蒸腾速率的比值来表示：

$$\text{WUE} = \frac{\text{净光合速率}[\mu\text{molCO}_2/(\text{m}^2 \cdot \text{s})]}{\text{蒸腾速率}[\mu\text{mol}/(\text{m}^2 \cdot \text{s})]} \times 100\%$$

根据上式结合仪器测得净光合速率和蒸腾速率数据计算出西洋参植株水分利用效率，利用 Excel 软件制成日变化（图 3.21），从图 3.21 中可以看出，无论是双透棚、单透棚条件下，还是对照（CK）条件下，一天中西洋参水分利用效率呈现双峰曲线变化，分别在 08：00—10：00 和 14：00—15：00 出现峰值，但由于双透棚条件下的西洋参光合午休现象较弱，故双峰曲线变化不是很明显。在双透棚和单透棚条件下，由于西洋参叶片净光合速率的提高和蒸腾速率的下降，水分利用效率都得以提高（图 3.21），与对照（CK）相比，双透棚条件下，一天中不同时刻西洋参叶片水分利用效率提高 9.1%～46.4%，平均提高 36.6%，单透棚条件下，一天中不同时刻西洋参叶片水分利用效率提高 6.9%～22.7%，平均提高 13.2%，与单透棚相比，双透棚条件下，一天中不同时刻西洋参叶片水分利用效率提高 2.1%～40.9%，平均提高 20.4%。

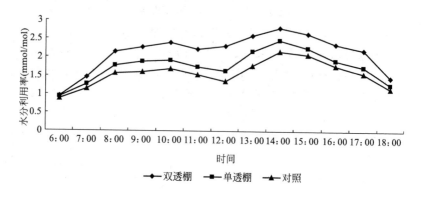

图 3.21　不同处理西洋参叶片水分利用效率的日变化

对西洋参不同生育期的水分利用效率观测研究可以看出（图 3.22），双透棚和单透棚条件下西洋参水分利用效率都有所提高，但不同生育期存在差异，表现在展叶期和开花期提高的幅度较大，而绿果期和红果期提高的幅度相对较小。与对照（CK）相比，双透棚西洋参叶片水分利用效率在展叶期提高 27.2%，开花期提高 29.0%，而绿果期和红果期分别提高 21.1%、15.3%；单透棚西洋参叶片水分利用效率展叶期提高 16.9%，开花期提高 16.5%，而绿果期和红果期分别提高 13.3%、11.5%；与单透棚相比，双透棚西洋参叶片水分利用效率在展叶期提高 8.7%，开花期提高 10.8%，而绿果期和红果期分别提高 6.9%、3.4%。不同生育期西洋参叶片水分利用效率都以对照（CK）最低，双透棚下有较高的水分利用效率，单透棚次之，全生育期西洋参叶片水分利用效率均值双透棚比对照（CK）高出 23.2%，单透棚比对照（CK）高出 14.6%，双透棚比单透棚高出 7.5%。从上述分析可以看出，双透棚和单透棚条件下都不同程度地提高了西洋参叶片的水分利用效率，其中又以双透棚处理西洋参水分利用效率提高较大，单透棚次之，对照（CK）最低。单透棚和双透棚条件下西洋参叶片水分利用效率高，是由于在单透棚和双透棚下光照相对较弱，温度和湿度条件适宜，蒸腾速率低的缘故。

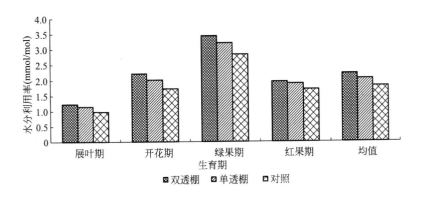

图 3.22　不同处理对西洋参不同生育期水分利用效率的影响

3.3.5　不同处理西洋参光能利用率的比较

植物的干物质有 90％来自光合作用，在作物生产中，光能利用率的大小是决定作物产量高低的重要因素。光能利用率（SUE）根据叶片净光合速率和照射到叶片上的太阳辐射能以下式计算：

$$SUE = \frac{净光合速率（\mu molCO_2/m^2 \cdot s）}{量子通量密度（\mu mol/m^2 \cdot s）}$$

根据上式结合仪器测得净光合速率的数据计算出西洋参植株光能利用效率，利用 Excel 软件制成日变化图（图 3.23）。

从图 3.23 可以看出，在双透棚和单透棚条件下，西洋参叶片光合利用率比对照（CK）要高，与对照（CK）相比，双透棚条件下，一天中不同时刻西洋参叶片光能利用率提高 16.0％～40.3％，平均提高 29.1％，单透棚条件下，一天中不同时刻西洋参叶片光能利用率提高 8.1％～26.9％，平均提高 18.2％，与单透棚相比，双透棚条件下，一天中不同时刻西洋参叶片光能利用率提高 6.3％～19.7％，平均提高 10.0％。无论是双透棚、单透棚条件下还是对照（CK）条件下，一天中西洋参光能利用率最低值都出现在 12∶00，此时西洋参叶片光能利用率提高幅度也最大，双透棚比对照（CK）提高 40.3％，单透棚比对照（CK）提高 26.9％，而双透棚比单透棚提高 10.6％。这可能是由于单透棚和对照

（CK）条件下，西洋参正午时刻光合速率迅速下降，出现光合"午休"现象，但在双透棚条件下，可较大程度提高西洋参的光合速率，使光合"午休"现象缓解甚至消失。

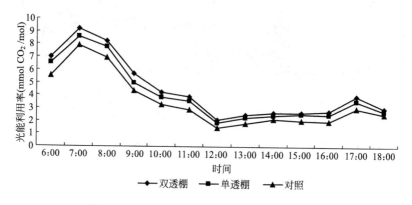

图 3.23　不同处理西洋参光能利用率的日变化

　　对西洋参不同生育期的光合利用率观测研究可以看出（图3.24），双透棚和单透棚条件下西洋参的光合能力强、光能利用率高，但各生育期间存在一定的差异，表现在展叶期和绿果期提高的幅度较大，而开花期和红果期提高的幅度相对较小，与对照（CK）相比，双透棚西洋参叶片光能利用率在展叶期提高 26.3%，绿果期提高 31.8%，而开花期和红果期分别提高 22.1%、16.1%；单透棚西洋参叶片光能利用率在展叶期提高 19.8%，绿果期提高17.4%，而开花期和红果期分别提高 10.8%、8.5%；与单透棚相比，双透棚西洋参叶片光能利用率在展叶期提高 5.4%，绿果期提高 12.3%，而开花期和红果期分别提高 10.2%、7.0%。不同生育期西洋参叶片光能利用率都以对照（CK）最低，双透棚最高，单透棚次之，全生育期西洋参叶片光能利用率均值双透棚比对照（CK）高出 24.1%，单透棚比对照（CK）高出 14.1%，双透棚比单透棚高出 8.7%。从上述分析可以看出，双透棚和单透棚条件下都不同程度地提高了西洋参光能利用率，其中以双透棚处理西洋参光能利用率较大，单透棚次之，对照（CK）最低。光能利用率的大小，直接影响到植株光合速率，光能利用率高有利于增加植株生物量，从而利于提高产量。

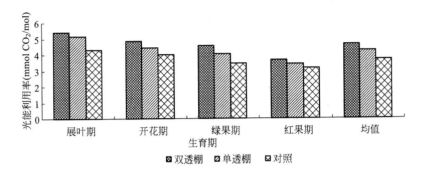

图 3.24 不同处理对西洋参不同生育期光能利用率的影响

3.4 不同参棚西洋参光合生理指标与小气候因子相关性分析

西洋参的生理指标，不仅受到空气温度的影响，而且同时受到土壤温度、湿度和叶面温度等诸多生态因子的综合作用。因此，为了进一步探索双透棚、单透棚及对照（CK）西洋参光合生理指标与生态因子的相互关系，运用 SPSS 软件对不同处理下西洋参 5 个生理指标（净光合速率、蒸腾速率、气孔导度、水分利用效率、光能利用率）和 10 个小气候因子（空气温度、空气湿度、土壤温度）进行相关分析和回归分析。

3.4.1 不同处理西洋参光合速率与小气候因子的相关性分析

表 3.10 为不同处理西洋参光合速率与小气候因子的相关分析表，从表中可以看出，双透棚条件下西洋参净光合速率与 1.5m 空气湿度、冠层湿度、10cm 土壤温度、15cm 土壤温度和 20cm 土壤温度呈负相关关系，与 1.5m 空气温度、叶面温度、冠层温度、地表温度、5cm 土壤温度呈正相关关系，其中与叶面温度、冠层温度的正相关关系都已达到显著水平；单透棚条件下西洋参净光合

速率与 1.5m 空气湿度、冠层湿度、5cm 土壤温度、10cm 土壤温度、15cm 土壤温度和 20cm 土壤温度呈负相关关系，与 1.5m 空气温度、叶面温度、冠层温度、地表温度呈正相关关系；对照（CK）条件下西洋参净光合速率与 1.5m 空气湿度、冠层湿度、10cm 土壤温度、15cm 土壤温度和 20cm 土壤温度呈负相关关系，与 1.5m 空气温度、叶面温度、冠层温度、地表温度呈正相关关系。这说明不同处理西洋参净光合速率与湿度呈负相关关系，与环境温度基本呈正相关关系，与土壤温度基本呈负相关关系。

表 3.10　不同处理西洋参光合速率与小气候因子相关分析

处理	相关性	1.5m湿度	冠层湿度	1.5m温度	叶面温度	冠层温度	地表温度	5cm土温	10cm土温	15cm土温	20cm土温
双透棚	R 值	−0.597	−0.541	0.632	0.812	0.704	0.591	0.055	−0.189	−0.176	−0.594
	P 值	0.157	0.210	0.128	0.027	0.048	0.162	0.906	0.685	0.706	0.160
单透棚	R 值	−0.496	−0.457	0.634	0.752	0.475	0.423	−0.043	−0.280	−0.450	−0.548
	P 值	0.257	0.302	0.126	0.039	0.281	0.344	0.927	0.543	0.311	0.203
对照(CK)	R 值	−0.139	−0.149	0.344	0.722	0.515	0.549	0.100	−0.393	−0.487	−0.657
	P 值	0.766	0.750	0.450	0.047	0.237	0.202	0.832	0.383	0.268	0.067

选取光合速率（Y）为因变量；1.5m 空气湿度（X_1）、冠层湿度（X_2）、1.5m 空气温度（X_3）、叶面温度（X_4）、冠层温度（X_5）、地表温度（X_6）、5cm 土壤温度（X_7）、10cm 土壤温度（X_8）、15cm 土壤温度（X_9）、20cm 土壤温度（X_{10}）为自变量，根据不同处理下的观测数据，应用计算机对西洋参净光合速率和 10 个小气候因子（环境温度、环境湿度、土壤温度）进行逐步回归分析，剔除次要因子，以确定关键影响因子，得出西洋参净光合速率与小气候因子的回归方程如下：

$$Y_1 = -13.434 + 0.605X_4 \quad (R^2 = 0.659, \ P = 0.027)$$

$$Y_2 = -16.267 + 0.596X_4 \quad (R^2 = 0.634, \ P = 0.038)$$

$$Y_3 = -20.573 + 0.762X_4 \quad (R^2 = 0.623, \ P = 0.045)$$

式中：Y_1、Y_2、Y_3 分别为双透棚、单透棚、对照（CK）下西洋参叶片净光合速率，F 检验表明，上述回归模型可信度达到 81.2%、79.6%、78.9%（$R^2 = 0.659$、$R^2 = 0.634$、$R^2 = 0.623$），说明西

洋参净光合速率日变化的变异平方和有 65.9%、63.4%、62.3% 是由叶面温度的日变化造成的，说明不同处理条件下对西洋参叶片净光合速率日变化起关键作用的是叶面温度。

3.4.2　不同处理西洋参蒸腾速率与小气候因子相关性分析

表 3.11 为不同处理西洋参蒸腾速率与小气候因子的相关分析表，从表中可以看出，双透棚条件下西洋参蒸腾速率与冠层湿度、1.5m 空气温度、叶面温度、冠层温度、地表温度呈正相关关系，与 1.5m 空气湿度、5cm 土壤温度、10cm 土壤温度、15cm 土壤温度和 20cm 土壤温度呈负相关关系，其中与 20cm 土壤温度的负相关关系都已达到显著水平。另外，与 10cm 土壤温度、15cm 土壤温度的负相关关系也接近显著水平。单透棚条件下西洋参蒸腾速率与 1.5m 空气湿度、冠层湿度、1.5m 空气温度、叶面温度呈正相关关系，与冠层温度、地表温度、5cm 土壤温度、10cm 土壤温度、15cm 土壤温度和 20cm 土壤温度呈负相关关系，其中与 10cm 土壤温度、15cm 土壤温度、20cm 土壤温度的负相关关系都已达到显著或极显著水平。对照（CK）条件下西洋参蒸腾速率与 1.5m 空气湿度、冠层湿度、叶面温度、冠层温度、地表温度呈正相关关系，与 1.5m 空气温度、5cm 土壤温度、10cm 土壤温度、15cm 土壤温度和 20cm 土壤温度呈负相关关系，其中与 15cm 土壤温度、20cm 土壤温度的负相关关系都已达到显著水平。这说明不同处理西洋参蒸腾速率与土壤温度呈负相关关系，与环境湿度基本呈正相关关系，在双透棚情况下与环境温度呈正相关关系。

表 3.11　不同处理西洋参蒸腾速率与小气候因子相关分析

处理	相关性	1.5m 湿度	冠层湿度	1.5m 温度	叶面温度	冠层温度	地表温度	5cm 土温	10cm 土温	15cm 土温	20cm 土温
双透棚	R 值	−0.030	0.028	0.104	0.426	0.221	0.065	−0.52	−0.690	−0.682	−0.860
	P 值	0.949	0.952	0.824	0.341	0.634	0.889	0.232	0.089	0.092	0.013
单透棚	R 值	0.153	0.203	0.110	0.091	−0.106	−0.277	−0.67	−0.823	−0.860	−0.906
	P 值	0.744	0.662	0.815	0.845	0.821	0.547	0.100	0.023	0.013	0.005
对照(CK)	R 值	0.250	0.255	−0.027	0.327	0.233	0.256	−0.336	−0.753	−0.814	−0.936
	P 值	0.589	0.581	0.954	0.474	0.616	0.579	0.462	0.051	0.026	0.002

选取蒸腾速率（Y）为因变量，根据不同处理下的观测数据，应用计算机对西洋参蒸腾速率和 10 个小气候因子（环境温度、环境湿度、土壤温度）进行逐步回归分析，剔除次要因子，确定关键影响因子，得出西洋参蒸腾速率与小气候因子的回归方程如下：

$$Y_1 = 31.767 - 1.214X_{10} \quad (R^2 = 0.740, \ P = 0.013)$$

$$Y_2 = 32.333 - 1.247X_{10} \quad (R^2 = 0.822, \ P = 0.005)$$

$$Y_3 = 22.451 - 0.809X_{10} \quad (R^2 = 0.877, \ P = 0.002)$$

式中：Y_1、Y_2、Y_3 分别为双透棚、单透棚、对照（CK）下西洋参叶片蒸腾速率，F 检验表明，上述回归模型可信度达到 86.0%、90.6%、93.6%（$R^2 = 0.740$、$R^2 = 0.822$、$R^2 = 0.877$），说明西洋参蒸腾速率的日变化的变异平方和有 74.0%、82.2%、87.7% 是由 20cm 土壤温度的日变化造成的，说明不同处理条件下对西洋参叶片蒸腾速率日变化起关键作用的是 20cm 土壤温度。

3.4.3　不同处理西洋参气孔导度与小气候因子相关性分析

表 3.12 为不同处理西洋参气孔导度与小气候因子的相关分析表，从表中可以看出，双透棚条件下西洋参气孔导度与 1.5m 空气湿度、冠层湿度呈正相关关系，与 1.5m 空气温度、叶面温度、冠层温度、地表温度、5cm 土壤温度、10cm 土壤温度、15cm 土壤温度、20cm 土壤温度呈负相关关系，其中与 5cm 土壤温度、10cm 土壤温度、15cm 土壤温度、20cm 土壤温度的负相关关系都已达到显著或极显著水平；单透棚条件下西洋参气孔导度与 1.5m 空气湿度、冠层湿度、1.5m 空气温度呈正相关关系，与叶面温度、冠层温度、地表温度、5cm 土壤温度、10cm 土壤温度、15cm 土壤温度、20cm 土壤温度呈负相关关系，其中与 10cm 土壤温度、15cm 土壤温度、20cm 土壤温度相关关系都已达到显著或极显著水平；对照（CK）条件下西洋参气孔导度与 1.5m 空气湿度、冠层湿度、叶面温度、冠层温度、地表温度呈正相关关系，与 1.5m 空气温度、叶面温度、5cm 土壤温度、10cm 土壤温度、15cm 土壤温度、20cm 土壤温度呈负相关关系，其中与 10cm 土壤温度、15cm 土壤温度、20cm 土壤温度相关关系都已达到显著水平。这说明不同处理西洋参气孔导度与土壤温度基本呈负相关关系，与环境湿度基本呈正相关

关系，双、单透棚下与环境温度基本呈负相关关系。

表 3.12　不同处理西洋参气孔导度与小气候因子相关分析

处理	相关性	1.5m湿度	冠层湿度	1.5m温度	叶面温度	冠层温度	地表温度	5cm土温	10cm土温	15cm土温	20cm土温
双透棚	R 值	0.496	0.528	-0.477	-0.124	-0.349	-0.488	-0.918	-0.966	-0.975	-0.899
	P 值	0.257	0.223	0.279	0.792	0.444	0.266	0.004	0.000	0.000	0.006
单透棚	R 值	0.227	0.274	0.003	-0.005	-0.206	-0.317	-0.717	-0.844	-0.891	-0.930
	P 值	0.624	0.552	0.995	0.992	0.658	0.489	0.070	0.017	0.007	0.002
对照(CK)	R 值	0.390	0.399	-0.190	0.198	0.100	0.109	-0.493	-0.853	-0.899	-0.974
	P 值	0.388	0.375	0.683	0.670	0.831	0.816	0.260	0.015	0.006	0.000

选取气孔导度（Y）为因变量，根据不同处理下的观测数据，应用计算机对西洋参蒸腾速率和 10 个小气候因子（环境温度、环境湿度、土壤温度）进行逐步回归分析，剔除次要因子，确定关键影响因子，得出西洋参气孔导度与小气候因子的回归方程如下：

$$Y_1 = 1873.103 - 69.265 X_9 \quad (R^2 = 0.951，P < 0.001)$$

$$Y_2 = 2344.732 - 90.602 X_{10} \quad (R^2 = 0.865，P = 0.002)$$

$$Y_3 = 1973.517 - 71.832 X_{10} \quad (R^2 = 0.948，P < 0.001)$$

式中：Y_1、Y_2、Y_3 分别为双透棚、单透棚、对照（CK）下西洋参叶片气孔导度，F 检验表明，上述回归模型可信度达到 97.5%、93.0%、97.4%（$R^2 = 0.951$、$R^2 = 0.865$、$R^2 = 0.948$），说明双透棚下西洋参气孔导度日变化的变异平方和有 95.1% 由 15cm 土壤温度的日变化造成的，单透棚下西洋参气孔导度日变化的变异平方和有 86.5% 是由 20cm 土壤温度日变化造成的，对照（CK）下西洋参气孔导度日变化的变异平方和有 94.8% 是由 20cm 土壤温度日变化造成的。说明双透棚、单透棚和对照（CK）下对西洋参叶片气孔导度日变化起关键作用分别是 15cm 土壤温度和 20cm 土壤温度。

3.4.4　不同处理西洋参水分利用效率与小气候因子相关性分析

表 3.13 为不同处理西洋参水分利用效率与小气候因子的相关分析表，从表中可以看出，双透棚条件下西洋参水分利用率与 1.5m 空气湿度、冠层湿度、20cm 土壤温度呈负相关关系，与

1.5m 空气温度、叶面温度、冠层温度、地表温度、5cm 土壤温度、10cm 土壤温度、15cm 土壤温度呈正相关关系，其中与 1.5m 空气湿度、冠层湿度、1.5m 空气温度、叶面温度、冠层温度、地表温度的相关关系都已达到显著或极显著水平；单透棚条件下西洋参水分利用效率与 1.5m 空气湿度、冠层湿度、15cm 土壤温度、20cm 土壤温度呈负相关关系，与 1.5m 空气温度、叶面温度、冠层温度、地表温度、5cm 土壤温度、10cm 土壤温度呈正相关关系，其中与 1.5m 空气湿度、冠层湿度、1.5m 空气温度、叶面温度、地表温度相关关系都已达到显著或极显著水平；对照（CK）条件下西洋参水分利用效率与 1.5m 空气湿度、冠层湿度、20cm 土壤温度呈负相关关系，与 1.5m 空气温度、叶面温度、冠层温度、地表温度、5cm 土壤温度、10cm 土壤温度、15cm 土壤温度呈正相关关系，其中与叶面温度、冠层温度相关关系都已达到显著水平。这说明不同处理西洋参水分利用效率与土壤温度基本呈正相关关系，与环境湿度基本呈负相关关系，与环境温度基本呈正相关关系。

表 3.13　不同处理西洋参水分利用率与小气候因子相关分析

处理	相关性	1.5m 湿度	冠层 湿度	1.5m 温度	叶面 温度	冠层 温度	地表 温度	5cm 土温	10cm 土温	15cm 土温	20cm 土温
双透棚	R 值	−0.870	−0.842	0.815	0.850	0.851	0.772	0.445	0.204	0.209	−0.298
	P 值	0.011	0.017	0.026	0.015	0.015	0.042	0.317	0.661	0.653	0.517
单透棚	R 值	−0.784	−0.770	0.831	0.814	0.747	0.769	0.460	0.163	−0.082	−0.149
	P 值	0.037	0.043	0.021	0.026	0.540	0.043	0.299	0.727	0.862	0.750
对照（CK）	R 值	−0.719	−0.716	0.751	0.802	0.854	0.753	0.659	0.233	0.159	−0.137
	P 值	0.069	0.070	0.052	0.030	0.014	0.051	0.107	0.615	0.734	0.770

选取水分利用效率（Y）为因变量，根据不同处理下的观测数据，应用计算机对西洋参蒸腾速率和 10 个小气候因子（环境温度、环境湿度、土壤温度）进行逐步回归分析，剔除次要因子，确定关键影响因子，得出西洋参水分利用效率与小气候因子的回归方程如下：

$$Y_1 = 12.906 - 0.074X_1 - 0.2X_7 \quad (R^2 = 0.924，P = 0.006)$$

$$Y_2 = -1.293 + 0.106X_1 \quad (R^2 = 0.690, \ P = 0.021)$$

$$Y_3 = -0.793 + 0.079X_5 \quad (R^2 = 0.729, \ P = 0.014)$$

式中：Y_1、Y_2、Y_3分别为双透棚、单透棚、对照（CK）下西洋参叶片水分利用效率，F 检验表明，上述回归模型可信度达到 96.1%、83.1%、85.4%（$R^2 = 0.924$、$R^2 = 0.690$、$R^2 = 0.729$），说明双透棚下西洋参水分利用效率日变化的变异平方和有 92.4% 由 1.5m 空气湿度和 5cm 土壤温度的日变化造成的，单透棚下西洋参水分利用效率日变化的变异平方和有 69.0% 是由 1.5m 空气湿度日变化造成的，对照（CK）下西洋参水分利用效率日变化的变异平方和有 72.9% 是由冠层温度日变化造成的，说明双透棚、单透棚和对照（CK）下对西洋参叶片水分利用效率日变化起关键作用分别是 1.5m 空气湿度和 5cm 土壤温度、1.5m 空气湿度和冠层温度。

3.4.5 不同处理西洋参光能利用率与小气候因子相关性分析

表 3.14 为不同处理西洋参光能利用率与小气候因子的相关分析表，从表中可以看出，双透棚条件下西洋参光能利用率与 1.5m 空气湿度、冠层湿度呈正相关关系，与 1.5m 空气温度、叶面温度、冠层温度、地表温度、5cm 土壤温度、10cm 土壤温度、15cm 土壤温度、20cm 土壤温度呈负相关关系，其中与 1.5m 空气湿度、1.5m 空气温度、冠层温度、地表温度、5cm 土壤温度的相关关系都已达到显著或极显著水平；单透棚条件下西洋参光能利用率与 1.5m 空气湿度、冠层湿度呈正相关关系，与 1.5m 空气温度、叶面温度、冠层温度、地表温度、5cm 土壤温度、10cm 土壤温度、15cm 土壤温度、20cm 土壤温度呈负相关关系，其中与 1.5m 空气湿度、冠层湿度、1.5m 空气温度、冠层温度、地表温度、5cm 土壤温度相关关系都已达到显著或极显著水平；对照（CK）条件下西洋参光能利用率与 1.5m 空气湿度、冠层湿度呈正相关关系，与 1.5m 空气温度、叶面温度、冠层温度、地表温度、5cm 土壤温度、10cm 土壤温度、15cm 土壤温度、20cm 土壤温度呈负相关关系，其中与 1.5m 空气湿度、冠层湿度、1.5m 空气温度、冠层温度、地表温度、5cm 土壤温度相关关系都已达到显著水平。这说明不同处理西洋参光能利用率与土壤温度基本呈负相关关系，与

环境湿度基本呈正相关关系，与环境温度基本呈负相关关系。

表 3.14　不同处理西洋参光能利用率与小气候因子相关分析

处理	相关性	1.5m 湿度	冠层 湿度	1.5m 温度	叶面 温度	冠层 温度	地表 温度	5cm 土温	10cm 土温	15cm 土温	20cm 土温
双透棚	R 值	0.764	0.750	−0.902	−0.735	−0.815	−0.884	−0.812	−0.671	−0.703	−0.406
	P 值	0.046	0.052	0.005	0.060	0.025	0.008	0.027	0.099	0.078	0.366
单透棚	R 值	0.847	0.847	−0.868	−0.715	−0.922	−0.791	−0.779	−0.661	−0.600	−0.523
	P 值	0.016	0.016	0.011	0.071	0.003	0.034	0.039	0.106	0.155	0.228
对照(CK)	R 值	0.793	0.820	−0.931	−0.695	−0.702	−0.831	−0.870	−0.673	−0.589	−0.353
	P 值	0.033	0.024	0.002	0.083	0.079	0.021	0.011	0.098	0.164	0.438

选取光能利用率（Y）为因变量，根据不同处理下的观测数据，应用计算机对西洋参蒸腾速率和 10 个小气候因子（环境温度、环境湿度、土壤温度）进行逐步回归分析，剔除次要因子，确定关键影响因子，得出西洋参光能利用率与小气候因子的回归方程如下：

$$Y_1 = 26.451 - 0.758X_3 \quad (R^2 = 0.813, \ P = 0.005)$$

$$Y_2 = 27.944 - 0.861X_5 \quad (R^2 = 0.849, \ P = 0.003)$$

$$Y_3 = 23.709 - 1.149X_3 + 0.456X_5 \quad (R^2 = 0.974, \ P = 0.001)$$

式中：Y_1、Y_2、Y_3 分别为双透棚、单透棚、对照（CK）下西洋参叶片光能利用率，F 检验表明，上述回归模型可信度达到 90.2%、92.2%、98.7%（$R^2 = 0.813$，$R^2 = 0.849$、$R^2 = 0.974$），说明双透棚下西洋参光能利用率日变化的变异平方和有 81.3% 由 1.5m 空气温度的日变化造成的，单透棚下西洋参光能利用率日变化的变异平方和有 84.9% 是由冠层温度日变化造成的，对照（CK）下西洋参光能利用率日变化的变异平方和有 97.4% 是由 1.5m 空气温度和冠层温度日变化造成的。说明双透棚下对西洋参叶片光能利用率日变化起关键作用是 1.5m 空气温度，单透棚下对西洋参叶片光能利用率日变化起关键作用是冠层温度，对照（CK）下对西洋参叶片光能利用率日变化起关键作用是 1.5m 空气温度和冠层温度。

3.5 不同参棚西洋参产量和品质分析

3.5.1 不同处理西洋参参根生长和产量的比较

西洋参药用部分主要是参根，参根产量高低、质量好坏，对发展西洋参生产起着重要作用。我国参业生产中多选用单透棚或双透棚，不同遮阴棚的生态效应是不同的，西洋参的生育状况也出现相应的变化。西洋参参根生长和产量因不同处理而出现显著差异（表 3.15），从表中可以看出，双透棚、单透棚下西洋参参根的生长状况都要好于对照（CK）。按从大到小的顺序，各处理西洋参参根根长和根粗大小依次为双透棚＞单透棚＞对照（CK），与对照（CK）相比，双透棚下西洋参参根根长增长 27.7%，单透棚下西洋参参根根长增长 19.7%，另外，双透棚下西洋参参根根长比单透棚下增长 6.6%；与对照（CK）相比，双透棚下西洋参参根根粗增粗 29.5%，单透棚下西洋参参根根粗增粗 15.4%，另外，双透棚下西洋参参根根粗比单透棚下增粗 12.2%。

表 3.15　不同处理对西洋参参根生长和产量的影响

处理	根长（cm）	根粗（cm）	单支鲜重（g）	单位面积鲜重（kg/m²）	单支干重（g）	地上部分干重（g）	生物学产量（g）	根冠比	折干率（%）	含水量（%）
双透棚	38.67	3.12	58.73	1.643	18.42	5.87	24.29	3.14	0.3136	68.60%
单透棚	36.26	2.78	49.23	1.408	16.15	4.82	20.97	3.35	0.3281	67.20%
对照(CK)	30.28	2.41	36.69	1.086	10.46	3.63	14.09	2.88	0.2851	71.50%

双透棚、单透棚对西洋参产量的影响也是比较明显的（表 3.15）。大量研究表明，棚下小气候环境比对照（CK）有较大改善，增产效果明显。王铁生等（1988）研究认为，单透棚比全阴棚总干重高 5.7%，根干重高 82%，冠干重高 71%；吕永兴等（2002）从生理生态角度试论人参优质高产栽培途径指出双透棚和单透棚下的小气候环境比全阴棚大有改善，增产效果极为显著，单透棚比全阴棚增产 47%，双透棚比全阴棚增产 32.2%，两种棚式的优质参率均高于全阴棚；郑殿家等（2004）研究表明，各年

生西洋参的单支重或产量，双透棚均高于单透棚，其中4年生产量增加17.06％。本书的研究结果与大多数研究学者得出相同结果，即双透棚、单透棚下西洋参参根产量都要高于对照（CK）（见表3.15）。按从大到小的顺序，各处理西洋参参根产量大小依次为双透棚＞单透棚＞对照（CK），与对照（CK）相比，双透棚下西洋参参根鲜重、根干重、地上部分干重分别增重22.04g、7.96g、2.24g，单透棚下西洋参参根鲜重、根干重、地上部分干重分别增重12.54g、5.69g、1.19g，另外，双透棚下西洋参参根鲜重、根干重、地上部分干重比单透棚分别增重9.5g、2.27g、1.05g；双透棚下西洋参产量最高，每平方米平均鲜根重达1.643kg，比单透棚（1.408kg）高出17.0％，比对照（CK）（1.086kg）高出51.3％，单透棚下西洋参每平方米平均鲜根比对照（CK）高出29.7％；西洋参生物学产量的大小顺序也为双透棚＞单透棚＞对照（CK），双透棚下西洋参生物学产量24.29g，比对照（CK）增重10.2g，比单透棚下增重3.32g，单透棚下西洋参生物学产量20.97g，比对照（CK）增重6.88g。可见，在其他栽培管理措施基本一致的条件下，双透棚和单透棚参棚小气候因子适宜，在产量形成中起到重要作用，增产效果明显。

根冠比、折干率单透棚高于双透棚，对照（CK）最低，与对照（CK）相比，单透棚下西洋参参根根冠比、折干率分别提高16.3％、15.1％，双透棚下西洋参参根根冠比、折干率分别增长9.0％、10.0％，另外，单透棚下西洋参参根根冠比、折干率比双透棚分别增长6.7％、4.6％，表明单透棚和双透棚下，参株光合产物分配给根部的比例大，参根的含水率低，其中以单透棚的效果最好。

3.5.2 不同处理西洋参品质的比较

3.5.2.1 不同处理西洋参氨基酸含量的比较

不同处理对西洋参氨基酸总量、必需氨基酸含量及氨基酸组分都有一定影响。四年生西洋参参根氨基酸总量、必需氨基酸含量见图3.25，由图3.25可知，与对照（CK）相比，双透棚、单透棚更有利于西洋参氨基酸的积累，其中又以双透棚效果最好，氨基酸总量、必需氨基酸含量高低为双透棚＞单透棚＞对照（CK）（图 3.25），双透棚下西洋参参根氨基酸总量为 5.5789％，比对照（CK）（4.3218％）高出 1.2571％，单透棚下西洋参参根氨基酸总量为 5.2761％，比对照（CK）（4.3218％）高出 0.9543％，比双透棚低 0.3028％；双透棚下西洋参参根必需氨基酸含量为 3.0694％，比对照（CK）（2.4306％）高出 0.6388％，单透棚下西洋参参根必需氨基酸含量为 2.9015％，比对照（CK）（2.4306％）高出 0.4709％，比双透棚低 0.1679％。

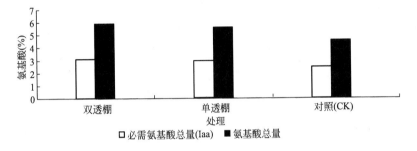

图 3.25　不同处理对西洋参必需氨基酸和氨基酸总量的影响

　　不同处理对西洋参氨基酸组分也有一定影响。四年生西洋参参根各氨基酸组分测定结果见表 3.16，由表 3.16 可知，不同处理条件下西洋参参根 16 种氨基酸有 13 种氨基酸含量以双透棚最高，3 种以单透棚最高，分别是苯丙氨酸（Phe）、组氨酸（His）、脯氨酸（Pro）。各氨基酸组分都以对照（CK）含量最低，尤其以天门冬氨酸（Asp）、苯丙氨酸（Phe）、精氨酸（Agr）含量相差较多，双透棚下西洋参参根天门冬氨酸（Asp）含量为 0.5598％，比对照（CK）（0.4429％）高出 0.1172％，单透棚下西洋参参根天门冬氨酸（Asp）的含量为 0.5314％，比对照（CK）（0.4429％）高出 0.0888％，比双透棚低 0.0284％；双透棚下西洋参参根苯丙氨酸（Phe）的含量为 0.3845％，比对照（CK）（0.2094％）高出 0.1751％，单透棚下西洋参参根苯丙氨酸（Phe）含量为 0.4256％，比对照（CK）（0.2094％）高出 0.2162％，比双透棚高 0.0411％；双透棚下西洋参参根精氨酸（Agr）的含量为

1.7376％，比对照（CK）（1.4251％）高出0.3125％，单透棚下西洋参参根精氨酸（Agr）含量为1.5362％，比对照（CK）（1.4251％）高出0.1111％，比双透棚低0.2014％。从表3.16还可以看出，不同处理下西洋参参根氨基酸组分含量都以精氨酸（Agr）最高，蛋氨酸（Met）、组氨酸（His）含量最低，双透棚、单透棚与对照（CK）西洋参参根精氨酸（Agr）含量高低顺序为1.7376％（双透棚）＞1.5362％（单透棚）＞1.4251％（对照），蛋氨酸（Met）含量高低顺序为0.0662％（双透棚）＞0.0574％（单透棚）＞0.0413％（对照），组氨酸（His）含量高低顺序为0.0586％（单透棚）＞0.0492％（双透棚）＞0.0375％（对照）。

表3.16　不同处理对西洋参参根氨基酸含量及其组分的影响（％）

氨基酸组分	处理			双透棚-对照	单透棚-对照	双透棚-单透棚
	双透棚	单透棚	对照（CK）			
天门冬氨酸（Asp）	0.5598	0.5314	0.4426	0.1172	0.0888	0.0284
＊苏氨酸（Thr）	0.1727	0.1618	0.1497	0.0230	0.0121	0.0109
丝氨酸（Ser）	0.1553	0.1417	0.1154	0.0399	0.0263	0.0136
谷氨酸（Glu）	0.6551	0.6234	0.5702	0.0849	0.0532	0.0317
甘氨酸（Gly）	—	—	—	—	—	
丙氨酸（Ala）	0.3018	0.2902	0.2714	0.0304	0.0188	0.0116
胱氨酸（Gys）	0.2186	0.2038	0.1883	0.0303	0.0155	0.0148
＊缬氨酸（Val）	0.1961	0.1884	0.1654	0.0307	0.023	0.0077
＊蛋氨酸（Met）	0.0662	0.0574	0.0413	0.0249	0.0161	0.0088
＊异亮氨酸（Ile）	0.1839	0.1765	0.1498	0.0341	0.0267	0.0074
＊亮氨酸（Leu）	0.2655	0.2459	0.2173	0.0482	0.0286	0.0196
酪氨酸（Tyr）	0.1436	0.1342	0.1105	0.0331	0.0237	0.0094
＊苯丙氨酸（Phe）	0.3845	0.4256	0.2094	0.1751	0.2162	−0.0411
＊赖氨酸（Lys）	0.2693	0.2464	0.2279	0.0414	0.0185	0.0229
组氨酸（His）	0.0492	0.0586	0.0375	0.0117	0.0211	−0.0094
精氨酸（Arg）	1.7376	1.5362	1.4251	0.3125	0.1111	0.2014
脯氨酸（Pro）	0.2197	0.2546	0.2029	0.0168	0.0517	−0.0349
必需氨基酸总量（Iaa）	3.0694	2.9015	2.4306	0.6388	0.4709	0.1679
氨基酸总量	5.5789	5.2761	4.3218	1.2571	0.9543	0.3028

注：带＊号的为必需氨基酸

3.5.2.2　不同处理西洋参皂甙含量的比较

人参皂甙在免疫调节、抗组织损伤、抗肿瘤、抗氧化、治疗糖尿病等方面具有特殊的作用，同时也将作为一种绿色饲料添加剂应用于动物生产，西洋参参根中主要有效成分为人参皂甙，目前西洋参的质量标准，除体型、色泽、质地等因素外，人参皂甙含量的高低成为权衡西洋参内在品质重要标志之一。不同处理条件下，四年生西洋参参根总皂甙含量的测定结果见图3.26，从图3.26可以看出，处理的不同，对西洋参参根总皂甙含量有着重要影响，表现为四年生西洋参参根总皂甙含量，与对照（CK）相比，双透棚、单透棚更有利于西洋参参根总皂甙含量的积累，其中又以双透棚效果最好，四年生西洋参参根总皂甙含量高低次序为双透棚＞单透棚＞对照（CK）（见图3.26），双透棚下西洋参参根总皂甙含量为6.2634％，比对照（CK）（4.4173％）高出1.8461％，单透棚下西洋参参根总皂甙含量为5.5968％，比对照（CK）（4.4173％）高出1.1795％，比双透棚低0.6666％，不同处理下西洋参参根总皂甙含量的这种规律与不同处理西洋参参根氨基酸总量含量规律相一致，说明双透棚、单透棚条件下，不仅有利于参根产量的提高，而且有利于参根有效成分的积累，尤以双透棚效果较好。

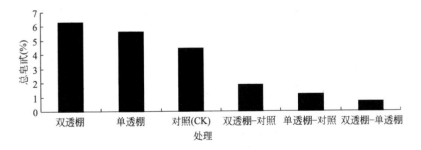

图3.26　不同处理对西洋参总皂甙的影响

西洋参参根含有多种人参皂甙，其含量因处理不同（栽培措施、棚式、产地、年限等）而异。我们对试验基地不同处理下的四年生西洋参参根，采用薄层层析法，测得各样本的人参皂甙含量，见表 3.17。

表 3.17　不同处理对西洋参参根皂甙含量及其组分的影响

处理	人参二醇甙含量（%）				人参三醇甙含量（%）		合计（%）	人参总皂甙含量（%）
	R_{b1}	R_{b2}	R_c	R_d	R_e	R_g		
双透棚	1.4872	0.4739	0.4635	0.4125	1.2243	0.2768	4.3382	6.2634
单透棚	1.2264	0.3659	0.5382	0.3367	1.2176	0.3125	3.9973	5.5968
对照（CK）	0.9968	0.1985	0.2412	0.2023	0.8796	0.1128	2.6312	4.4173
双透棚－对照	0.4904	0.2754	0.2223	0.2102	0.3447	0.1640	1.7070	1.8461
单透棚－对照	0.2296	0.1674	0.2970	0.1344	0.3380	0.1997	1.3661	1.1795
双透棚－单透棚	0.2608	0.1080	－0.0747	0.0758	0.0067	－0.0357	0.3409	0.6666

从表 3.17 中可以看出，不同处理对四年生西洋参参根皂甙含量影响很明显。如 6 种皂甙含量就有 4 种皂甙含量以双透棚最高，分别是 R_{b1}、R_{b2}、R_d、R_e，两种以单透棚最高，分别是 R_c、R_g，各皂甙含量都以对照（CK）含量最低，尤其以 R_{b1}、R_e、R_c 含量相差最大，双透棚下西洋参参根 R_{b1} 含量为 1.4872%，比对照（CK）（0.9968%）高出 0.4904%，单透棚下西洋参参根 R_{b1} 含量为 1.2264%，比对照（CK）（0.9968%）高出 0.2296%，比双透棚低 0.2608%；双透棚下西洋参参根 R_e 含量为 1.2243%，比对照（CK）（0.8796%）高出 0.3447%，单透棚下西洋参参根 R_e 含量为 1.2176%，比对照（CK）（0.3447%）高出 0.3380%，比双透棚低 0.0067%；双透棚下西洋参参根 R_c 含量为 0.4635%，比对照（CK）（0.2412%）高出 0.2223%，单透棚下西洋参参根 R_c 含量为 0.5382%，比对照（CK）（0.2412%）高出 0.32970%，比双透棚高 0.0747%。从表 3.17 还可以看出，不同处理下西洋参参根人参皂甙含量以人参二醇型皂甙 R_b 组含量较高，而以人参三醇皂甙 R_g 含量较低，双透棚、单透棚与对照（CK）西洋参参根 R_{b1} 含量高低顺序为双透棚（1.4872%）＞单透棚（1.2264%）＞对照（0.9968%），R_{b2} 含量高低顺序为双透棚（0.4739%）＞单透棚（0.3659%）＞对照（0.1985%），参根 R_g 含量高低顺序为单透棚（0.3125%）＞双透棚（0.2768%）＞对照（0.1128%）。

第4章 皖西高寒山区林下西洋参种植关键技术

在皖西高寒山区20年西洋参林下半野生种植的艰苦探索中，经历过多次失败，体现在播种出苗率低，出苗后参株生长势较弱，2年苗以后，保苗率较低。经过20年反复试验对比，研究总结出适应皖西高寒山区的西洋参林下栽培技术。病苗率减少，保苗率达到90%以上，参株生长势增强，参根生长良好，产量显著提高。

4.1 西洋参林下种植的窄畦高畦育苗技术

皖西山区西洋参林下栽培的技术难题之一是地下部分参根与树木次生根的争水争肥问题，以及土壤砂性较大，保水性能低，有机物质含量较少，导致林下直接播种出苗率较低，弱苗较多。影响出苗2年以后的保苗率。经过多年的实验研究，总结出西洋参林下种植的窄畦育苗技术，即对林下林隙地块，土壤适当整理，做成宽度为70~80cm的窄畦，畦床高10cm左右，然后播种裂口参籽育苗。林下西洋参窄畦增厚土层，避开参根深入到树木根系密集分布层，解决了西洋参根系与树木根系的争水争肥矛盾，优化了西洋参生长的水分肥力条件。栽培过程中加以覆盖枯枝落叶，土地保水性能进一步提高，调节了土壤温度，形成了西洋参生长的良好生态环境条件。西洋参的出苗率、保苗率、生长势以及产量均有显著提高。

4.1.1 窄畦高畦育苗与直播育苗方式下西洋参保苗率的比较研究

表4.1 窄畦高畦育苗与直播育苗方式下西洋参保苗率的比较

育苗方式	出苗率（%）	二年生保苗率（%）	三年生保苗率（%）	四年生保苗率（%）
直播育苗	73.5	82.3	74.0	69.3
窄畦高畦育苗	80.6	95.2	92.4	90.1

窄畦育苗技术与传统直播育苗方式相比较，西洋参出苗率由73.5％增加到80.6％，提高了7个百分点。窄畦育苗方式二年生参苗、三年生参苗、四年生参苗的保苗率均达到90％以上，比传统直播育苗方式保苗率分别提高12.9％、18.4％和30.8％。西洋参林下种植的窄畦育苗技术显著提高了西洋参出苗率和保苗率，为西洋参的良好生长和产量提高奠定了坚实的基础（表4.1）。

4.1.2 窄畦高畦育苗与直播育苗方式下西洋参生长状况的比较分析

表4.2 窄畦高畦育苗与直播育苗方式下西洋参生长状况的比较分析（四年生苗）

育苗方式	株高 （cm）	叶长 （cm）	叶宽 （cm）	叶面积 （cm²）	单枝鲜重 （g）
直播育苗	30.4	10.3	6.8	46.2	18.1
窄畦高畦育苗	33.8	12.6	7.2	59.9	20.9

研究结果表明，应用林下种植的窄畦育苗技术，西洋参长势更好，产量明显提高。窄畦育苗技术与传统直播育苗方式相比，四年生苗株高提高了11.2％，叶长和叶宽分别增加22.3％和5.9％。叶面积增大29.7％。单枝鲜重提高幅度是15.5％。显然，窄畦育苗技术更有利于林下西洋参良好生长，以及西洋参产量的提升。

4.2 西洋参林下种植的壮苗带菌肥落地技术

皖西山区部分林地土壤瘠薄，肥力较低，导致西洋参播种出苗率低，生长缓慢，参苗弱小，抗病力差，易于感染，保苗率低。采用局地少许整地，壮苗带肥落地技术，即西洋参栽苗时每穴带施生物菌肥50～70g，改善西洋参生长的营养供应条件。西洋参病苗率降低，保苗率升高，生长势明显提升，参根产量随之提高。

由表4.3得出以下研究结论，与传统移栽方式相比，壮苗带肥落地技术的应用，使四年生参苗病苗率由10.7％降低到3.6％，下降了7个百分点；四年生参苗保苗率由66.8％提高到90％以上。

株高提高了 11.6%，单枝鲜重增加约 20%。可见，西洋参林下种植壮苗带肥落地技术的使用，西洋参生长状态更好，抗御病菌侵害的能力加强，病苗率减少，保苗率大幅度提高，对林下西洋参产量的提升有显著的促进作用。

表 4.3　壮苗带菌肥落地技术与传统移栽方式下西洋参生长状况的比较分析（四年生苗）

移栽方式	病苗率（%）	保苗率（%）	株高（cm）	单枝鲜重（g）
传统移栽	10.7	66.8	31.9	17.9
壮苗带菌肥	3.6	92.3	35.6	21.4

4.3　皖西山区林下西洋参种植海拔高度的选择

林下西洋参种植对海拔高度有一定的要求，生产实践表明，海拔高度选择在 600m 以上，温湿度条件更加接近其原产地的气候特征，西洋参生长良好，产量和品质较好。

同为四年生西洋参，在海拔高度为 920m 的观音庙，株高比海拔高度 410m 的花石乡大湾村种植的林下参高 23.4%，叶面积增大 86%。在海拔高度 710m 的黄河村，株高也比花石乡种植地高 16%，叶面积增大 77%（表 4.4）。

表 4.4　不同海拔高度西洋参生长的比较

海拔高度（m）	选点	株高（cm）	叶长（cm）	叶宽（cm）	叶面积（cm²）
410	花石乡	32.9	8.6	5.0	28.4
710	黄河村	38.3	11.9	6.4	50.3
920	观音庙	40.6	12.3	6.5	52.8

较高的海拔高度，西洋参产量和品质指标也有所提升，从表 4.5 可以看出，海拔较高的观音庙无论是西洋参根长还是单支鲜重在三个点中都是最高的，分别比 710m 的黄河村提高 4.3% 和 11.4%，比 410m 的花石乡分别提高 22.7% 和 44.3%。

表4.5 不同海拔高度西洋参产量和品质指标的比较

海拔高度 （m）	选点	根长 （cm）	单支鲜重 （g）	氨基酸 （%）	总皂甙 （%）
410	花石乡	21.6	15.8	4.81	6.79
710	黄河村	25.4	20.2	5.22	7.02
920	观音庙	26.5	22.5	5.30	7.31

西洋参主要品质指标同样也是较高海拔的表现最优，从氨基酸含量来看，920m的观音庙分别比710m的黄河村和410m的花石乡提高了2%和10.4%；而总皂甙的含量分别提高了4.3%和7.4%。

4.4 皖西山区林下西洋参种植合理森林郁闭度的选择

林下西洋参种植过程中，必须选择合适的森林郁闭度，在较理想的光照强度和光质环境下，林下西洋参生长状况更佳。

表4.6 不同森林郁闭度下西洋参光合生理特性的变化

（2012-08-12；地点：黄河村；晴）

区号	森林 郁闭度	净光合速率 $[mgCO_2/(dm^2 \cdot h)]$	蒸腾速率 $[mmol/(m^2 \cdot s)]$	气孔导度 $[mmol/(m^2 \cdot s)]$	叶温（℃）
1	0.8	3.61	2.86	242.70	27.6
2	0.7	3.42	2.33	228.52	27.9
3	0.6	2.88	2.18	193.71	28.4
4	0.5	2.60	2.07	186.45	28.6

表4.6表明，西洋参栽培的森林郁闭度对西洋参光合生理特征的多方面均有影响，0.7～0.8的森林郁闭条件下，西洋参净光合速率显著高于0.5～0.6的森林郁闭度条件，提高幅度为20%～40%。

相应的气孔导度和蒸腾速率也较大,叶温相对较低,有利于西洋参光合产物的积累和生长发育,较强的生理活性为西洋参产量的提高打下良好的物质基础。

从森林郁闭度对西洋参株高的影响分析,0.7~0.8 的森林郁闭度下西洋参生长高度明显高于 0.5~0.6 的森林郁闭度,株高提高幅度为 20% 左右(表 4.7)。

表 4.7 不同森林郁闭度下西洋参生长指标的变化(黄河村测点)

区号	森林郁闭度	株高(cm)	叶长(cm)	根长(cm)	单株鲜重(g)
1	0.8	38.6	11.3	19.5	20.8
2	0.7	39.7	11.1	19.3	21.7
3	0.6	33.6	10.2	22.4	18.1
4	0.5	34.9	10.5	23.8	18.3

叶长相应加长,幅度约为 10%;根长虽有减短趋势,但从产量表现而言,则提高了约 17%。

显然,0.7~0.8 的森林郁闭度是皖西山区西洋参栽培的合理水平,有利于西洋参的生长和产量的提升。

4.5 皖西山区林下西洋参栽培合理坡度的确定

林下西洋参栽培过程中,坡度选择过大,会造成水土流失,不利于土壤含水量的保持,而坡度过低,在降水较多的季节容易形成水分积聚,土壤含水量过大也会对西洋参生长造成不利影响,所以有必要确定比较合理的种植坡度。

从坡度对西洋参株高的角度分析,以 15° 为最佳,30° 次之,5° 和 60° 的株高较低,15° 条件下的株高比 0° 高 17%,比 60° 高 23%,而与 30° 的株高相差不大。叶长在 30° 下最长,15° 次之。根长也是 15° 和 30° 最长。

最终表现在单株鲜重上,15° 最高,并且和 30° 坡度的接近,明显高于 5° 和 60° 的坡度,60° 坡度由于坡度过大,栽培条件相对较差。因此,在皖西大别山区栽培林下西洋参应选择 15°~30° 坡度为宜（表4.8）。

表4.8 不同坡度对西洋参生长指标的影响（黄河村测点）

区号	坡度(°)	株高(cm)	叶长(cm)	根长(cm)	单株鲜重(g)
1	60	32.2	11.5	20.6	16.8
2	30	38.6	14.1	23.7	20.1
3	15	39.7	13.9	24.0	20.4
4	5	33.9	10.3	19.8	18.2

4.6 皖西高寒山区西洋参林下种植技术推广对当地社会经济发展和科技进步的意义

4.6.1 皖西高寒山区西洋参林下种植技术推广可以实现由不可持续的园参种植向可持续发展的林下参种植转型

由于皖西高寒山区农田面积小，西洋参农田栽培的重茬间隔期长达20年。因此，农田种参的土地限制制约了西洋参的持续发展。西洋参在皖西高寒山区发展的前期，园参栽培为西洋参在皖西山区引种可行性，为栽培技术体系的建立，打下了坚实良好的基础，为西洋参回归山林做了很好的技术铺垫。

皖西高寒山区的山林面积大，为西洋参林下栽培提供了巨大的资源。如天堂寨黄河村山林面积达 5 万亩*，户均面积达 50 亩。实现西洋参栽培回归山林，既不破坏山林原有结构，又利用山林遮阴调节温度，调节水分平衡的生态特性，使西洋参在良好的生态环境条件下自然生长，品质更好，售价更高。实现西洋参林下种植的生态效益和经济效益的完美结合。实现皖西高寒山区西洋参的可持续发展。

4.6.2 皖西高寒山区西洋参林下种植技术推广可以实现由西洋参产品向西洋参发展产业的转型

皖西山区由于土地面积和高寒气候的限制，农业人口贫困问题突出，加上国家加大了生态林保护力度，急需解决山区农民脱

---

* 注：1亩＝666.7m²，下同。

贫致富的出路问题。而西洋参林下参种植连年持续栽培，5～8 年后连年收获，为国家、当地政府提升林业保护区的社会发展，帮助农民实现经济收入的持续提高提供了重要支撑。为农民这个生产主体实现了西洋参栽培生产技术的传承，为劳动力人口回乡创业打开了新的空间，使高寒山区农村产业结构得到调整，使西洋参林下栽培成为支柱产业之一，也为解决山区农民贫困问题，脱贫致富提供了一条新路。

林下西洋参种植的推广扩大，还带动了西洋参加工和销售产业的发展，更好地发挥西洋参产业的规模效益和综合效益。

因此，林下西洋参种植是皖西高寒山区西洋参产业升级转型的必由之路。

4.6.3 皖西高寒山区西洋参林下种植技术推广对于促进农业生产与林业生产协调发展均具有重要的实际意义

皖西山区农田面积小，但是针阔叶混交林面积大，如金寨县天堂寨镇纸河村共有 892 人，耕地为 281 亩，人均 0.22 亩，阔叶复层林面积为 8000 亩，人均山场面积为 8.9 亩，林下资源丰富，发展林下经济潜力巨大。在林下发展西洋参可以增加林农的经济收入，改变靠山吃山及毁林开荒种参的习惯，对调整山区农业生产结构，发展山区特色产业，增加农民收入，防止乱砍滥伐，养山育林，保护森林生态环境，促进农业生产与林业生产协调发展均具有重要的实际意义，同时良好的森林气候生态环境，又为优质西洋参规范化种植提供优越的自然条件。

参考文献

包文芳，杨宝云，1999. 西洋参皂甙对心血管系统的作用 [J]. 西北药学杂志，**14**（1）：37-38.

陈明伟，马爱群，倪磊，等，2005. 人参皂甙对肺癌细胞和血管内皮细胞增生、凋亡及其周期的影响 [J]. 中南大学学报（医学版），**30**（2）：149-152.

陈庭甫，刘玲，蒋跃林，2008. 不同遮阴棚对人参及西洋参影响研究进展 [J]. 特产研究，（1）：64-67.

崔德深，1990. 西洋参 [M]. 北京：科学出版社.

高珊，童英，熊晓燕，等，2006. 玛咖与西洋参缓解体力疲劳作用对比试验研究 [J]. 实验动物科学与管理，**23**（4）：4-6.

郭少三，李兵，2006. 人参皂甙生物活性与应用的研究进展 [J]. 黔南民族医专学报，**19**（1）：62-64.

黄瑞贤，1997. 单、双透棚人参叶面结露状况对比分析 [J]. 人参研究，**9**（3）：13-14.

黄泰康，1994. 常用中药成分与药理手册 [M]. 北京中国医药科技出版社.

江野，1990. 参棚小气候特征与西洋参生长的最适棚式选择 [J]. 中国农业气象，**11**（4）：45-48.

蒋跃林，陈庭甫，宛志沪，2013. 单双透棚式对西洋参生长影响研究 [J]. 安徽农学通报，**19**（6）：48-50.

李冀，付雪艳，郝娴，等，2006. 西洋参多糖类物质研究进展 [J]. 中药研究进展，**23**（4）：14-15.

李平亚，李铣，1999. 西洋参果中配糖体成分的研究 [J]. 中草药，**30**（8）：563-565.

李万莲，宛志沪，2000. 参园光质环境对西洋参生长发育的影响 [J]. 中草药，**31**（5）：381-383.

李万莲，宛志沪，2002. 参棚透光率对西洋参生长发育、产量品质的影响 [J]. 人参研究，**12**（3）：11-14.

李万莲，宛志沪，杨书运，2004. 参棚透光率对西洋参叶片光合作用的影响 [J]. 应用生态学报，**15**（2）：261-264.

刘桂艳，2001. 西洋参地上部分化学成分的药理药效学研究概况 [J]. 江苏临床医学杂志，**5**（5）：465-467.

刘铁成，刘惠卿，等，2002. 光、光质对西洋参生长发育及产量、质量的影响 [A]. 西洋参栽培技术（论文集）[C]，17-23.

刘洋，张佐双，贺玉林，等，2007. 药材品质与生态因子关系的研究进展 [J]. 世界科学技术-中医药现代化，（1）：65-69.

吕永兴，王大川，2002. 从生理生态角度试论人参优质高产栽培途径 [A]. 西洋参栽培技术（论文集）[C]，60-63.

吕宗智，王德凯，于晓风，等，1992. 西洋参茎叶总皂甙对免疫功能的影响 [J]. 黑龙江中医药，（5）：46-48.

罗文熹，袁黎明，1990. 不同光强下西洋参的某些光合特性（简报）[J]. 植物生理学通讯，（1）：35-37.

马晓北，2005. 西洋参 [M]. 天津：天津科学技术出版社.

孟繁莹，王铁生，1996. 西洋参光合生理特性 [J]. 特产研究，（2）：9-11.

孟繁莹，王铁生，王化民，等，1996. 西洋参光合生理特性 [J]. 特产研究，（2）：9-11.

孟祥颖，李向高，于洋，等，2000. 国产西洋参花蕾化学成分的研究：I. 人参皂的分离、鉴定及含量测定 [J]. 吉林农业大学学报，**22**（3）：1-8.

朴永吉，1993. 高光效人参膜促进人参高产栽培的研究 [J]. 植物研究，**13**（1）：35-41.

朴永吉，迟永才，姜信成，等，1990. 西洋参不同参帘遮荫试验 [J]. 特产研究，（3）：13-14.

舒思洁，2006. 西洋参及其活性成分的药理学研究进展 [J]. 时珍国医国药，**17**（12）：2603-2604.

苏建，李海舟，孔令义，等，2004. 不同产地西洋参皂甙成分的 HPLC 分析 [J]. 天然产物研究与开发，**16**（6）：561-564.

孙树礼，1988. 不同遮荫棚对西洋参生长的试验观察 [J]. 特产研究，（2）：10-11.

宛志沪，严平，束庆龙，1990. 西洋参引种栽培技术 [M]. 合肥：安徽科学技术出版社.

王德贵，马兴元，邵春杰，等，1990. 国产西洋参叶化学成分的研究 [J]. 中成药，**12**（4）：33-34.

王红梅，马玲，2002. 西洋参的免疫调节作用研究进展（综述）[J]. 中国食品卫生杂志，**14**（5）：43-45.

王纪华，王铁生，越冬梅，等，1992. 不同光温条件及水分胁迫对人参西洋参光合速率的影响 [J]. 特产研究，（2）：1-4.

王筠默，2001. 西洋参药理作用研究的最新进展 [J]. 人参研究，**13**（4）：2-6.

王铁生，王化明，1988. 不同遮荫小气候和人参光合速率的比较 [J]. 中国农业气象，**9**（2）：64-65.

王艳宏，刘中申，关枫，等，2004. 西洋参及其制剂的免疫调节作用研究 [J]. 中医药学刊，**22**（3）：566-567.

王燕，马文强，2006. 人参皂甙的生物学效应研究进展 [J]. 饲料工业，**27**（6）：5-8.

魏春雁，牟金明，1998. 西洋参生物活性研究现状 [J]. 吉林农业大学学报，**20**（1）：86-90.

吴庆生，宛志沪，朱仁斌，等，2002. 西洋参有效成分与气候生态因子的关系 [J]. 生态学报，**22**（5）：779-782.

徐克章，武志海，张善美，等，2002. 人参、西洋参叶片光合作用的温度特性 [J]. 吉林农业大学学报，**24**（3）：7-10.

严平，宛志沪，束庆龙，等，1996. 参棚内温度变化规律及遮荫方式选择 [J]. 安徽农业大学学报，**23**（2）：218-223.

杨世海，尹春梅，1994. 人参光生理研究进展 [J]. 人参研究，（1）：2-5.

叶殿秀，周微红，肖永全，等，1998. 温度对西洋参生长发育和产量品质的影响 [J]. 中国农业气象，**19**（1）：30-33.

尤伟，赵亚会，1997. 不同棚式直播栽培西洋参研究 [J]. 特产研究，（2）：21-22，25.

于国华，苘辉民，罗文熹，1994. 不同光照强度对西洋参光合特性、营养成分和产量的影响 [J]. 应用生态学报，**5**（1）：57-61.

于海业，张蕾，2006. 人参生长光环境研究进展 [J]. 生态环境，**15**（5）：1101-1105.

张崇禧，鲍建才，刘刚，等，2006. 西洋参芦头中人参皂苷的分离鉴定 [J]. 中成药，**28**（5）：757-759.

赵树清，载新荣，2005. 西洋参研究进展 [J]. 广东药学，**15**（6）：63-65.

赵亚惠，王铁生，李荣峰，等，1995. 不同棚式栽培西洋参研究 [J]. 特产研究，（1）：4-6.

赵亚惠，王铁生，王化民，等，1994. 不同灌溉方式对大棚二年生西洋参生长发育的影响 [J]. 特产研究.（3）：43-44.

郑成祥，1997. 论双透棚栽培人参 [J]. 中国林副特产，（3）：12.

郑殿家，崔东河，田永全，2007. 复式大棚栽培西洋参的研究 [J]. 人参研究，（4）：29-34.

郑殿家，于春刚，孙国刚，等，2004. 双透棚栽参试验与调查报告 [J]. 人参研究，**16**（2）：30-33.

郑明权，刘彦臣，2000. 西洋参茎叶总皂甙和根多糖的药理学研究进展 [J]. 中医药信息，**17**（2）：12-14.

钟均超，刘俊玲，孙景玉，等，2005. 无土栽培西洋参基质选择研究 [J]. 人参研究，（1）：21-23.

朱伟，杜伯榕，朱迅，等，1997. 西洋参多糖对小鼠脾淋巴细胞的刺激效应 [J]. 白求恩医科大学学报，**23**（3）：236-238.

宫沢洋一，1975. 药用にんじんの栽培技术. 农业ゎよび园芸，**50**（1）：117-122.

Mallol A，Cusidó R M，Palazón J，*et al*，2001. Ginsenoside production in different phenotypes of *Panax ginseng* transformed roots [J]. *Phytochemistry*，**57**：365-371.

Qi L W，Wang C Z，Yuan C S，2011. Ginsenosides from American ginseng: chemical and pharmacological diversity [J]. *Phytochemistry*，**72**：689-699.

Schlag E M，McIntosh M S，2006. Ginsenoside content and variation among and within American ginseng（*Panax quinquefolius* L.）populations [J]. *Phytochemistry*，**67**：1510-1519.

Sun C，Li Y，Wu Q，Luo H M，*et al*，2010. *De novo* sequencing and analysis of the American ginseng root transcriptome using a GS FLX Titanium platform to discover putative genes involved in ginsenoside biosynthesis [J]. *BMC Genomics*，**11**：262-273.

Yu H，Xie C X，Song J Y，*et al*，2010. TCMGIS—II based prediction of medicinal plant distribution for conservation planning: a case study of *Rheum tanguticum* [J]. *Chinese Medicine*，**5**：31-39.